海岸带综合管理读本

PEMSEA 秘书处　编著

张朝晖　傅明珠　王守强　等译

海洋出版社

2013 年 · 北京

图书在版编目（CIP）数据

海岸带综合管理读本/PEMSEA 秘书处编著；张朝晖等译.
—北京：海洋出版社，2013.8
书名原文：Understanding integrated coastal management
ISBN 978 − 7 − 5027 − 8625 − 0

Ⅰ.①海…　Ⅱ.①P…　②张…　Ⅲ.①海岸带 − 综合管理
Ⅳ.①P748

中国版本图书馆 CIP 数据核字（2013）第 174395 号

责任编辑：王　溪
责任印制：赵麟苏

海洋出版社　出版发行

http://www.oceanpress.com.cn
北京市海淀区大慧寺路 8 号　邮编：100081
北京旺都印务有限公司印刷　新华书店北京发行所经销
2013 年 8 月第 1 版　2013 年 8 月第 1 次印刷
开本：787 mm × 1092 mm　1/16　印张：13
字数：187 千字　定价：55.00 元
发行部：62132549　邮购部：68038093　总编室：62114335
海洋版图书印、装错误可随时退换

译者序

本教材是由全球环境基金/联合国开发计划署/联合国项目事务厅/东亚海环境管理合作伙伴组织（GEF/UNDP/UNOPS/PEMSEA）秘书处组织专家编写的海岸带综合管理系列培训教材中的第一册，是全套教材的基础和入门读本。本教材的目的在于让实施海岸带综合管理的地方政府官员、项目管理人员、技术人员等能够在一周左右的时间内快速掌握海岸带综合管理的基本理论、实施过程、基本方法和部分优秀实践。

为了有效提升中国的海岸带综合管理水平，补充海岸带综合管理教材，充实我国海岸带综合管理知识，借鉴海岸带综合管理的优秀实践，更好地在中国实施《东亚海可持续发展战略》，在国家海洋局国际司的安排下，由东亚海环境管理合作伙伴组织（PEMSEA）秘书处提供部分资助，国家海洋局第一海洋研究所组织完成了本教材的翻译工作。其中：

张朝晖　负责翻译原则的确定、全文的校对和审核工作；

宋洪军　负责单元 1 的翻译；

王守强　负责单元 2 的翻译；

傅明珠　负责单元 3 和单元 4 的翻译；

衣　丹　负责单元 5 的翻译；

此外，国家海洋信息中心的李文海研究员为本书的翻译提供了大量建议和校对支持，国家海洋局第一海洋研究所的赵林林博士和臧惠迪硕士对全文的文字修改、图件处理和排版等方面做了大量的工作，在此表示衷心的感谢。

本书可供沿海地方政府从事海岸带综合管理、海洋管理、相关项目管理的人员使用，可供海洋生态、海洋环境、生态经济、海洋规划、政策与管理研究等相关领域的专业人员使用，也可作为大专院校相关专业的教材或课外阅读使用。

由于译者水平有限，本书中还有相当不完善的地方，敬请各位读者谅解。

译　者
2013 年于青岛

缩略词表

ADB：亚洲开发银行

AV：视听

BAPEDALDA：巴厘省环境影响管理局

BBDP：八打雁（Batangas）湾示范工程

BBREPC：八打雁湾区域环境保护委员会

BCCF：巴丹半岛（Bataan）海岸关怀基金会

BBCRF：八打雁湾海岸带资源基金会

BCRMF：八打雁湾海岸带资源管理基金会

BNP：巴丹半岛自然公园

CALABARZON：Cavite，Laguna，Batangas，Rizal，Quezon 等五地（市）

CBD：生物多样性公约

CEP：海岸带环境项目

CITES：濒临绝种野生动植物国际贸易公约，也称为华盛顿公约

CS：海岸带战略

CSIP：海岸带战略实施计划

DA－BFAR：农业部渔业与水产资源局

DENR：环境与自然资源厅（部）

DOST：科学技术厅（部）

ECC：环保合格证书

EMS：环境管理系统

EO：行政命令

EPA：环境保护署

ERA：环境风险评估

FAO：联合国粮食与农业组织

FISH：渔业改良可持续收获计划

GDP：国内生产总值

GEF：全球环境基金

GESAMP：海洋环境保护科学问题联合专家组

GIS：地理信息系统

ICLARM：国际水生生物资源管理中心

ICM：海岸带综合管理

ICMS：海岸带综合管理系统

IEC：信息、教育与交流

IEMP：环境综合监测计划

IIMS：海岸带和海洋环境综合信息管理系统

IMO：国际海事组织

IOC：政府间海洋学委员会

IPCC：政府间气候变化专门委员会

IRA：初步风险评估

ISO：国际标准化组织

IWA 4：国际专题研究组协议 4

LGU：地方政府部门

m：米

MARINA：海运业管理局

MDG：千年发展目标

MEG：海洋专家组

M and E（M & E）：监测与评估

MMCC：海洋管理与协调委员会

MMCO：海洋管理与协调办公室

MOA：备忘录

MPA：海洋保护区

MPP－EAS：东亚海海洋污染预防与管理区域项目

NGO：非政府组织

NIPAS：国家综合保护区系统

PCC：项目协调委员会

PCG：菲律宾海岸警卫队

PCSD：菲律宾可持续发展委员会

PDCA：策划－实施－检查－改进

PEMSEA：东亚海环境管理伙伴关系计划

PG－ENRO：省级环境和自然资源办公室

PhP：菲律宾比索

PMO：项目管理办公室

PPA：菲律宾港务局

PPP：公私合营

PR：人民共和国

QMS：质量管理系统

RMB：人民币

RNLG：海岸带综合管理地方政府网络

ROK：韩国

RRA：精确风险评估

SD：可持续发展

SDCA：基于海岸带综合管理的海岸带可持续发展框架

SDS－SEA：东亚海可持续发展战略

SEAFDEC：东南亚渔业发展中心

SEMP：战略环境管理计划

SOC：海岸带状况

TWG：技术工作组

UN：联合国

UNCED：联合国环境与发展大会

UNCLOS：联合国海洋法公约

UNDP：联合国开发计划署

UNEP：联合国环境规划署

UNESCO：联合国教科文组织

UNFCCC：联合国气候变化框架公约

USAID：美国国际开发署

USD：美元

WSSD：世界可持续发展峰会

WWF – UK：英国世界自然基金会
XOFB：厦门市海洋与渔业局

目　次

本手册介绍

近年来，海岸带综合管理（Integrated Coastal Management，ICM）被广泛用于治理海岸带及海洋环境恶化，确保海岸带可持续发展的工作中。这一趋势也促使国际组织把推进 ICM 的实施提上日程。实地应用和经验证明，ICM 项目的开展和实施有利于国家更好的应对来自政治、经济、科技和社会方面的挑战与机遇，从而实现海洋及海岸带、自然资源的良好利用和可持续发展。

人们越来越认识到，有效的海岸带及海洋管理需要基于 ICM 项目的实施。据此，PEMSEA（东亚海环境管理伙伴关系计划）制定的目标之一就是，到 2015 年，将该地区 20% 的海岸带纳入 ICM 项目中。这就意味着需要尽快增加从事 ICM 项目的工作人员和相关专家。为此，PEMSEA 一直在国家和地区间推广 ICM 的培训课程（除了网络构建、同类项目的联盟安排和开展 ICM 研究生课程等其他战略措施外），动员经过培训的人员积极参与到国家和地区 ICM 工作中。

基于 15 年的 ICM 实践经验和对约 2000 名学员进行 ICM 培训后得到的良好结果，PEMSEA 开发了这套海岸带综合管理培训教程。这套 ICM 教程已经被用于 PEMSEA 成员所在国的 ICM 推广项目中，有助于将相关知识和技能更快的应用到 ICM 实践、工具和方法中。同时，这套课程也为 PEMSEA 的 ICM 认证项目打下了基础。

本套示范教程内容如下。

ICM 课程 1：海岸带综合管理；

ICM 课程 2：海岸带综合管理项目的规划和开展；

ICM 课程 3：海岸带综合管理项目的实施；

ICM 课程 4：海岸带综合管理项目的持续；

ICM 课程 5：海岸带综合管理项目成效的监测、评估、衡量及持续改进。

本示范教程的内容主要来自于《The Dynamics of Integrated Coastal Management: Practical Applications in the Sustainable Coastal Development in East Asia》（2006），中文版《海岸带综合管理的原动力——东亚海域海岸带可持续发展的实践应用》一书已由海洋出版社于 2010 年出版，学员们若想了解更多知识可查阅此文献。

本教程包括了一整套可持续发展方面的知识，以整体的、系统方法、适应性学习和生态系统管理为基础。本课程的目标有两个：一是向利益相关者阐明一个远期目标的编制和批准过程；二是阐明对于短期目标，如何通过阶梯式、循环式和递增式的方法实施短期行动。总之，海岸带的可持续发展需要一整套 ICM 实施方案，需要培养地方政府人员的专业知识，需要确保环境改善项目能够得到充足的经费支持，需要制定相关政策，为 ICM 项目的招商引资和协调战略管理行动计划的实施提供稳定的环境。本教程可作为 ICM 的实践者在 ICM 项目的制定、实施和监测方面的工具参考书。

课程编号：课程 1　海岸带综合管理认知课程（ICM – 001）
课程标题：理解海岸带综合管理
课程简介：

介绍并讨论在海岸带可持续发展中海岸带综合管理的意义、概念、方针、框架和过程。同时通过海岸带现状报告和 ICM 规范，为编制 ICM 项目所需的必要条件和准备过程，提供了一个快速评估指南。在本套课程的学习中，将举办一次工作计划研讨会，让学员们分别制定出一个本地区 ICM 项目的下一阶段工作计划。

适用对象：

本课程主要面向正在从事或将要从事海岸带和海洋管理工作，且有一定英语书写和口头表达能力的人员。本课程的服务对象还包括：地方政府的规划和技术人员，各学科专业人士（例如大学教师、律师、经济学者、科研人员、社会工作者等）、环保人士、来自具有管理兴趣的非政府组织和海岸带管理办公室的其他利益相关者以及对海岸带管理和可持续发展感兴趣的研究生。

课程意义：

本课程旨在增强学员对海岸带综合管理的理解，提高他们认知和预测 ICM 在促进海岸带经济可持续发展方面所有潜在和长期影响的能力。在 ICM 项目制定及实施过程中，涉及多个学科和多个部门，通过对本课程的学习，学员们可以领会到他们及所在部门在参与项目过程中的关键作用。

课程目标：

1. 理解和领会 ICM 的基本概念和原理；

2. 阐释在地方和国家层面上编制和实施 ICM 计划的框架和流程；

3. 使学员掌握方法，用以评估当地社会、经济和环境状况，海岸带使用和管理现状；确定策略和方法，为启动或巩固 ICM 项目做准备。

时间跨度：一周。

上课形式：讲座和讨论、学习活动、视频展示、案例分析、实地考察。

课程内容

单元1：海岸带综合管理的概念、原则和基本内容

单元1概述了东亚地区海岸带及其管理的重要性，以及用综合管理方法取代传统的部门管理方法的紧迫性。本单元包括3个模块，第一模块介绍了ICM的概念和重要性，第二模块阐释了ICM的基本原则，第三模块介绍了为保持海岸带可持续发展，实施ICM的基本框架。

单元2：海岸带综合管理计划的发展和实施

一个ICM项目包含很多子项目，且每个子项目都有不同的目标和实施时间表。这些子项目的管理包括：有效的协调和综合管理，以便使整个计划在实施过程中得到合理、有序、整体和协同的加强。通过本单元的学习，学员可以更好的领会ICM项目的项目周期，即6个阶段开展和实施的过程。

本单元模块4对整个周期进行了初步介绍，模块5~10则对每一个阶段做了详细阐述，帮助学员们更好的理解和领会整个项目以阶段流程为导向的特征以及各阶段的要求。

单元3：海岸带综合管理规范

单元3介绍了基于实施综合管理的海岸带可持续发展框架下的ICM规范和最佳实践指标，这些指标可以指导ICM工作人员更好的开发和优化ICM项目。

通过对ICM项目和相关环境项目的初步评估练习，使学员们有机会亲自对现有项目的现状和优缺点进行分析，有助于学员们规划和扩展一个更为全面的ICM项目。

单元4：实地考察

单元4为学员们提供了ICM实地考察的机会，在实地考察中，他们可以同利益相关者相互交流并目睹如何将ICM基本原理应用到ICM项目的实践中去。[例如，八打雁，巴丹半岛，厦门，岘港（Danang），巴厘岛，等]。

单元5：海岸带综合管理项目的编制准备工作研讨

单元5包括为学员启动制定ICM项目所需召开的一些研讨会。

其中，主题为"建立 ICM 项目的管理机制"的研讨会将给学员们提供机会，将前几个单元的学习加以应用，分析建立 ICM 项目管理机制遇到的问题和挑战。

主题为"建立 ICM 项目的范围和管理边界以及开发 ICM 的路线图"的研讨会能够帮助学员们应用新知识，回顾已经开展的 ICM 活动，领会将 ICM 项目制定和实施过程系统化的必要性。

课程时间表

天	单元	模块	时间
1		注册和开学典礼	2 小时
	单元 1：海岸带综合管理（ICM）的概念、原理和基本内容		8 小时
		模块 1：ICM 的概念介绍	3 小时
		模块 2：ICM 的原理和框架	2 小时
2		模块 3：通过实施 ICM 实现海岸带地区可持续发展的框架	3 小时
			9 小时
		模块 4：ICM 开展和实施过程	2 小时
		模块 5：ICM 项目的准备	2 小时
	单元 2：ICM 项目的开展和实施	模块 6：ICM 项目的启动	1 小时
3		模块 7：ICM 项目的开展策略和行动计划	1 小时
		模块 8：ICM 项目的批准	1 小时
		模块 9：ICM 项目的实施和管理	1 小时
		模块 10：ICM 的后续阶段：完善和巩固	1 小时
			3 小时
	单元 3：ICM 规范	模块 11：海岸带综合管理规范和最佳实践指标介绍	1 小时
		模块 12：海岸带综合管理项目的初步评估	2 小时
4	单元 4：实地考察	模块 13：海岸带综合管理实地考察	8 小时
			7 小时
		ICM 准备阶段和差距分析回顾	1 小时
5	单元 5：ICM 项目制定准备工作研讨	模块 14：建立海岸带综合管理项目管理机制的研讨会	3 小时
		模块 15：开展海岸带综合管理项目的工作计划和预算研讨会	3 小时
	结课	课程评价和结课典礼	1 小时
	总计		38 小时

课程编委会人员

课程开发和管理

Raphael P. M. Lotilla

Stephen Adrian Ross

技术评审

Chua Thia – Eng

Stephen Adrian Ross

Huming Yu

课程协调

Maida Aguinaldo

Danilo Bonga

Diane Factuar

课程作者

- Nancy Bermas – Atrigenio
- Julienne Bariuan
- Maricor Ebarvia – Bautista
- Stella Regina Bernad
- Danilo Bonga
- Renato Cardinal
- Chua Thia – Eng
- Catherine Frances Corpuz
- Diana Factuar
- Bresilda Gervacio
- Serlie Jamias
- Cristine Ingrid Narcise
- Daisy Padayao

- Michael Pido

- Belyn Rafael

- Stephen Adrian Ross

- Andre Jon Uychiaoco

特别感谢东亚海伙伴关系委员会主席、前任 PEMSEA 地区项目负责人 Chua Thia – Eng 先生给予的指导和帮助。

时间表

本课程每周进行五天的强化训练，其中包括 1 天的实地考察，2～3 个晚上的专题报告和课外练习。另外，为促进学员间相互了解将组织一场联谊会。

培训材料

所有的材料可以提前索取。所有的学员手册将尽可能提前印好并发给大家，以便学员们做好必要准备。

学员手册和讲座材料主要由以下部分组成：

专栏

栏 1.1　海岸带多用途纠纷案例

栏 2.1　菲律宾巴丹省适应性管理案例

栏 2.2　海岸带综合管理马尼拉湾和渤海的空间推广案例

栏 7.1　菲律宾巴丹省环境管理中私营部门的作用

栏 9.1　厦门 ICM 机构建设

栏 9.2　八打雁省（菲律宾）ICM 机构建设

栏 9.3　ICM 协调机制在地方一级的转型

栏 9.4　市镇管理条例（八打雁，菲律宾）

栏 10.1　ICM 和 ISO 有着相似的基本要求

栏 10.2　中国厦门和菲律宾巴丹省的 ICM 适应性管理机制

栏 10.3　ICM 项目可作为可持续发展的政策框架

图形

表格

单元1 海岸带综合管理的概念、原则和基本内容

单元 1 概述了东亚地区海岸带及海岸带管理的重要性，以及用综合管理方法取代传统的部门管理方法的紧迫性。本单元包括 3 个模块，首先介绍了 ICM 的概念和重要性，然后讨论了 ICM 的基本原则，最后介绍了基于实施 ICM 的海岸带可持续发展框架。

模块 1　海岸带综合管理的概念介绍

简　介

　　本模块对海岸带概念做了定义，介绍了海岸带的重要性、采取综合管理方法促进海岸带可持续发展（即促进民生、经济增长和环境安全）的基本原理，以及东亚地区在 ICM 方面已做出的努力。

　　学时：3 小时。

学习材料

　　视频　Melasti：收获希望。

目　标

　　通过本模块的学习，学员能够：

　　（1）定义海岸带并论述其价值；

　　（2）论述人类活动对海岸带的影响；

　　（3）论述 ICM 的性质和范围，以及 ICM 与单一部门的海岸带和/或海洋管理办法的区别；

　　（4）举例说明自己国家或地区在海岸带管理方面的措施或努力的优缺点。

讨　论

　　讨论模块共分为 6 个部分：

　　（1）海岸带的定义；

　　（2）海岸带的价值；

　　（3）人类活动对海岸带的影响；

　　（4）ICM 的优势；

（5）ICM 成功实施的限制条件；

（6）在东亚地区开展海岸带综合管理的倡议

1. 什么是海岸带

海岸带是受海洋和陆地的生物和物理过程共同影响的陆地和水体的集合，其广义定义的目的为了是管理自然资源的利用（GESAMP，2001）。

为了管理海岸带资源，沿海各个国家在定义和描绘海岸带界限时，没有一个统一的标准。例如，菲律宾将海岸带定义为一条干燥的陆地及其毗邻的海洋空间带，即陆地的过程和使用直接影响到海洋的过程和使用的水体及被水体淹没的陆地，反之亦然；它的地理范围包括自高潮线向内陆延伸 1 km 的区域，包括红树林、半咸水池塘、棕榈树沼泽、河口河流、沙滩以及其他 200 m 等深线以内的区域，包括珊瑚礁、海藻坪、海草床和其他软底质区域。

印度尼西亚 2007 年施行的关于海岸带和岛屿管理的法律将沿岸水域定义为"从海岸线延伸 12 海里的海域，沿岸水域连接海岸和岛屿、河口、湾、浅水区、半咸水水域和潟湖"。

不考虑海岸带的边界设定，从功能上来看，海岸带是连接陆地和海洋的中间地带，是生产、消费和交换过程频繁发生的地区；从生态学上来看，海岸带是生物地球化学活动动态发生的区域，但对人类各种形式的使用存在一个限度；从地理学上来看，海岸带的陆地边界是不明确的（Ketchum，1972）。

海岸带受陆地（陆地环境）和海洋（海洋环境）两种自然力的直接影响。图 1.1 展示了陆地环境、海洋环境和人类活动相互依赖的关系。

陆地、河水、海水和大气的物理、化学和生物过程的相互作用形成了海岸带生态系统并不断提供着物品和服务（图 1.1）。这些生态系统与社会经济系统紧密联系，进一步形成资源系统。资源系统考虑了生物物理、陆地环境和海洋环境以及人类活动之间的相互作用。人类活动包括管理机制和组织安排。因此，人类活动是影响海岸带健康和完整的第三重要力量。

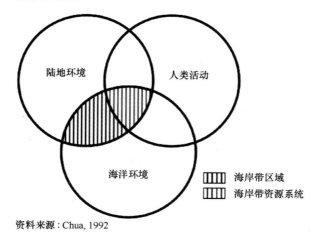

资料来源：Chua, 1992

图 1.1　海岸带和海岸带资源系统

2. 什么是海岸带价值

海岸带存在多种生态系统，例如珊瑚礁、红树林、海草床、河口和其他湿地等（图 1.2），这些生态系统可以提供大量的产品和服务（图 1.3）。

这些生态系统提供的产品和服务包括：

珊瑚礁：

● 　鱼类及其他生物的产卵场和活动地；

● 　天然产品（药物）；

● 　物理屏障，即提供海岸线；

● 　海浪防护；

● 　通过生态旅游和渔业活动为人类服务。

红树林：

● 　鱼虾等经济种类的繁殖和生长地；

● 　近岸和洄游种类的栖息地和繁殖场所；

● 　人类生活；

图 1.2　东亚海区域海岸带地区海洋和陆地的多种常见用途

● 　抵御洪水和海滩侵蚀；

● 　过滤排入海洋的某些类型污染物，即"纳污场所"；

● 　纳碳场所。

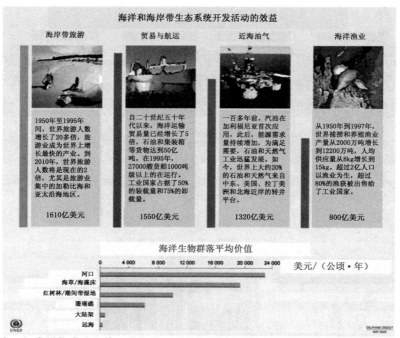

图 1.3 海洋生态系统和海洋活动的效益

海草床：

● 鱼类、无脊椎动物、海牛、海龟和海马的繁殖、栖息地和食物；

● 有助于海岸的稳定；

● 肥料和饲料；

● 纳污场。

其他湿地：

● 许多定居和迁徙种类（包括大量的稀有、脆弱、濒危物种）的重要栖息地、食物源、营养源。

河口：

● 陆地到海洋和海水到淡水的过渡；

16

- 鸟类和哺乳类的栖息和繁殖地；

- 鱼类和其他野生生物，植被；

- 陆地和海洋之间的自然缓冲；

- 港口所在地；

- 支持交通和工业的基础设施；

- 商业、生活和娱乐等。

东亚地区包括很多生态系统，其生物多样性在全球范围内都是很显著的。东亚海洋的珊瑚礁占了世界的30%，红树林占了世界的1/3。世界上50种海草中的至少20种可以在东亚发现。除了这些生态系统，本地区还拥有诸多具有广泛环境和经济意义的湿地、河口、潟湖，海湾等。

东亚海域广阔的生物和非生物资源为本地区及其他地区的工业发展提供了必要的资源基础，同时也为海岸带数百万居民的海上贸易发展及生活水平提高做出了巨大贡献。

东亚地区的大多数国家都有一定的海岸线和较大的海岸带地区。该地区每年可提供的鱼类多达4 000万吨，水产品的生产量占生产全世界总量80%。

此外，通过基于海洋的营养、生计、矿产、医药和建材资源，海岸带地区用占地球表面10%的空间养育了世界60%的人口。显然，海洋和海岸带区域大大促进了本地区的贸易、商业和经济增长。

东亚海岸带地区为人类提供了持续的商品（包括鱼类、石油、天然气、矿产、食盐和建材等）和服务（包括海岸保护、生物多样性维持、水质维护、运输、娱乐和旅游等）。如果将取自全球不同生态系统的商品和服务的总价值估算为平均每年33万亿美元，那么相当一部分应归功于东亚地区，因为这里拥有着世界1/3的珊瑚礁和红树林资源，以及大部分的海草资源。仅东南亚的珊瑚礁资源一项每年就可产生约1 125亿美元的价值。

便利的条件使海岸带地区容易成为人们生活、娱乐和活动的中心。由于大量的人口聚集在这一狭长地带，海岸带地区具有很高的人口密度，且增长速度也远远高于内陆地区。同时该地区也是城市化进程的首选地区。

海岸带地区可以提供港口、航运、海上贸易、初级产业、滨海旅游业等产业，其对海岸带国家的国内生产总值的贡献率达40%～60%，是世界上主要的社会和经济发展区。大部分的工业发展也都始于海岸带一线，尤其是炼油厂、石化生产、食品加工、造船和修理厂以及其他海洋产业等。

亚洲的经济很大程度上得益于海岸带及海洋所提供的资源和服务，据统计，该地区从事渔业的人口中，仅渔民就有约3 300万，渔业养殖户达950万户（Staples，2006）。作为航海和旅游产业的战略切入点，海岸带地区也随着工业区、港口以及旅游场所的建立迅速城市化。石油勘探、航运业和其他类似活动也吸引着跨国公司的投资，伴随而来的还有很多的移民和定居者。养殖活动的增加也从侧面表明了海岸带地区人口不断增加所带来的食物需求量变化。仅东亚地区就有约10亿人居住在海岸带地区。

在海岸带地区发展的同时，在其上游地区也在进行着一系列活动，例如收割木材和其他林产品、采掘矿物和其他资源。这些上游地区的活动促进了经济的增长，但同时也影响着下游的生态系统。

3. 环境问题的产生原因是什么

经济的快速增长一直伴随着空气和水质的恶化、资源（否则它们是可以再生的）的枯竭以及生境和特有物种的丧失。与水和空气相关的疾病的高发率影响着人类自身的生产能力。生境和资源的退化以及生物多样性的丧失影响着资源的生产能力和恢复能力，进而又影响收入、食品数量和食品安全、海岸线保护、自然灾害的防御能力以及未来的潜在利用。

人类自己造成了环境和资源的破坏，并将最终承受这些破坏带来的问题。如果生态的和社会经济的巨大影响代价造成环境和资源的损害而得不到养护，经济增长是不会持久的。此外，一些部门还会遭受更严重的自然损失和经济损失，尤其是那些依赖于传统资源的部门和生存在灾害多发地区的部门。

环境资源基础的退化主要是由体制上的问题造成的：

● 市场体系的失败（例如环境污染、资源过度开采、因有影响作用而得利、不合适的产权体系等）；

● 不适当的或不一致的政府政策（例如，不恰当的经济增长政策、管理和执法系统薄弱、仅仅集中在几个中心城市的增长）；

● 信息故障，包括决策信息；

● 预算和经费不足；

● 人力资源能力建设不足。

然而，虽然大部分的损害是由体制的失败造成的，但贫穷的压力也是造成损害的根源之一。因为贫穷使人们向自然资源伸手，而后者可以补充收入，尤其是在严重经济压力的情况下。

贫　困

农村贫困人口受制于土地、信贷、保险和资本市场，往往被迫生活并依存于脆弱的土地和水域。贫穷导致生态系统压力的增加，进而造成体制问题和经济生产力恶化。例如：

● 无地者在山边和边远地区的耕作造成水土流失和较低的农业生产率；

● 使用非法捕鱼方法捕获更多的鱼，但造成生境破坏，进而导致鱼产量下降。

人　口

大量的人口及其高增长率对环境和资源造成压力，要求它们提供更多的食物、空气、水以及收入，快速的城市化和农村地区的不平衡发展将加速移民，对现有的物理和社会基础设施增加压力，并产生环境问题。

叠加因果关系

资源和环境问题的三大原因——体制失败、高人口数量和贫穷，它们从不同的方面相互作用影响，共同造成了环境和资源之间的冲突，这些问题冲击着地方、国家和地区的发展。

这些原因是可以叠加的，因此在实施减贫战略的同时，需要制定政策并采取行动，加强环境、自然资源和人力资本的质量。

4. 什么是海岸带综合管理？其优点是什么

海岸带综合管理（Integrated Costal Management，ICM）是一种自然资源和环境管理的框架，它采用的是综合性和整体性的方法，是一个在解决海岸带地区复杂管理问题时，交互决策、规划和实施的过程，且这个过程遵循一定的循环周期（将在以后的模块中介绍）。

ICM 是一个包含个体行为和体制规则两方面的具有整体性的方法。换言之，它不仅仅需要个体（机构也参与它的反映和改革行动）的改变、建立和执行政策、协议、法律和其他的"社会契约"来调节对海岸带和环境的过激行为，政府也必须以积极的态度，纠正破坏性的做法。

许多海岸带管理问题都是跨部门的。如果土地使用规划不当，海水养殖有可能会影响到航道和旅游业。如果滨海旅游业管理不当，就有可能影响到当地为游客服务的产业和部门。

海岸带地区传统的或部门的管理办法只是孤立地去面对这些挑战，在面对需要解决的复杂问题时往往是不够的。

ICM 方法可提供：

● 一个可选择的并有效的管理系统，这一系统承认生态系统和利益相关者之间的联系；

● 它在重视海岸带和海洋资源的基础上，强调社会经济和政治因素间的相互关联和变化。这种方法为海岸带地区的可持续发展提供了一个更宽广的框架。

在东亚地区的国家中，海岸带地区的社会经济活动是由不同的机构来管理的，这些机构的职责通常针对海岸带和海洋管理的不同方面。例如，渔业局，负责管理渔业和水产养殖业，通常划归农业部；海事局，控制航运和航行，有时也处理船舶石油和化学品泄漏，通常划归交通部。

这些部门直接或间接的参与海岸带和海洋事务管理，包括渔业、养殖业、矿业、林业、旅游业、工业、贸易、港口、航运、立法、环境、公众健康、海岸警卫、海军、水文、气象、经济发展、社会事务、安全、内部事务、科技和外交等。这些结构中的很多部门在海岸带和海洋管理的职责上有重叠。经验告诉我们，大多数海洋管理问题不仅仅是一两个部门的问题，这一情况在许多海岸带多种利用纠纷中尤为显著。因此，这些关联机构之间的紧密协作，可以极大地提高它们的功效。这也是实现对海岸带生态系统高效管理的很重要一步。

栏1.1 海岸带多用途纠纷案例

港口扩建对海水养殖的影响

黄海北部的大连港是中国最大的港口之一，很多发展变化和经济活动（包括海水养殖）发生在此。因此会有很多这样的案例，即当一种活动对另一种活动造成负面影响时，引发了利益相关者之间的冲突。

大连港航线遍及150个国家。但是根据大连海事法院的统计，由国内外在运营的船舶造成的海水养殖设施和渔具的损坏案件不断增加。每年损害赔偿总额已经由1991年的170万元上升到1997年的1 420万元。

捕捞对海底电缆和管道损坏

电信业、近海石油和天然气是正在增长的产业，这也导致越来越多的海底电缆和管道面临捕鱼活动破坏的风险。在1994—2000年间，有约31起渔船抛锚导致海底电缆损坏的事件。据估计，每次维修或保养需要30天左右，费用约60万～120万美元。例如发生在上海的渔船导致中美电缆损坏事件，中断两国好几周的电讯。而海底石油管道的损坏不仅是经济损失，还会通过溢油污染造成生态系统的损害。

来源：PEMSEA ICM Training Mannual（未发表）

ICM 的主要目标是整合与协调多种海岸带及海洋管理工作。

人类的一些活动和行为有碍于海岸带和海洋生态系统提供的商品和服务的持续利用，ICM 通过综合规划和管理，实现对人类行为的管理。

ICM 通过以下几点克服传统的部门管理办法的弱点：

1）更好的阐释了海岸带资源系统的独特性。通过采用综合性的管理办法，ICM 使得各部门的利益相关者明白了各项人类活动对生态系统的影响，促使他们都参与进来，为确保海岸带的可持续利用而共同努力。相比之下，单一部门的管理往往没有考虑到海岸带资源多种用途的跨部门影响。

2）整合生态、社会和经济的信息。这能确保制定的管理策略能够全面并有效的应对生态、社会和经济问题。同时，优化完善海岸带资源系统的多种利用。

3）促进采用跨学科的方法和跨部门的协作，处理复杂的发展问题。因此，各利益相关者的活动和海岸带管理工作可以避免不必要的冲突。此外，管理工作也减少了重叠现象，确保了管理系统更加有效的运行。

5. ICM 成功运行的限制条件

ICM 成功运行取决于一系列的因素：

1）地方能力：ICM 如果能够在地方层次上执行，将是最有效的方法。因此，应该加强地方政府的管理能力，以确保 ICM 的成功。

2）政治承诺：ICM 短期举措的成果易受政治的影响。因此，长期的政治承诺是至关重要的，有必要将 ICM 项目纳入政府长期规划和经济发展项目中。

3）机构间合作：虽然不能完全避免机构间的冲突，但应通过定期协商和相关机构的相互交流使那些会造成不必要的资源浪费和政策冲突的事件降到最低的水平。

4）融资机制：ICM 应该在政府资源的范围内开展工作，并建立在集合私营部门和其他金融机构的资源基础上。ICM 不应被看做是一个社会的额外财政负担。它产生的价值体现在以下过程中，即减少多种用途造成的冲突、优化海岸带资源系统的使用、创建投资机会以保护和维持海岸带地区基础资源的发展。

5）地方带头人：理解 ICM 的目标并热心于应用 ICM 的地方利益相关者可以作为本地的带头人。他们的出现标志着地方 ICM 的开始。

6）人员管理：这是 ICM 工作中的最棘手的问题。从事海岸带管理的领导及员工的素质能够极大地影响到 ICM 实施的成功。由于 ICM 从根本上来说是基于对人的管理，人际交往能力往往比技术能力更重要。

6. 东亚地区在海岸带综合管理方面开展了什么活动

ICM 由实际需要转变为管理海岸带地区的各种经济活动，这些工作开始于美国：

1965 年：旧金山湾保护与发展委员会成立

1972 年：海岸带管理法（1972）颁布实施。这项划时代的立法鼓励美国各海岸带州发展和实施海岸带管理计划。

不久，东南亚也有了海岸带管理的观念，只是直到 1985 年才付诸努力。

1985 年：6 个国家级海岸带资源管理子项目在美国国际开发署（USAID）的支持下，分别在文莱、印度尼西亚、马来西亚、菲律宾、泰国和新加坡制定和实施，项目于 1992 年结束。

1993—1999 年：一个由全球环境基金（GEF）提供经费、联合国发展计划署（UNDP）实施、国际海事组织（IMO）执行并由 11 个国家参加的项目在本地区开展。该项目旨在向这些国家提供长期的支持以预防和管理海洋污染，并使他们可以自己管理污染。在本地区设立了两个 ICM 发展模式的试点地区——一个在菲律宾的八打雁湾，另一个在中国的厦门。

表 1.1　菲律宾在开展海岸带综合管理进程中的重要事件、项目和法律法规

西班牙统治前	乡村控制海岸带资源，没有政府组织
1500—1898 年	西班牙殖民者控制自然资源

1932 年	渔业法令赋予中央政府更多的管理职能，但允许个体利用海岸带水资源进行渔业养殖等活动，为渔民生计引进市政边界这一概念
1930—1960 年	资源的供应是无限的不要求管理
1946—1960 年	第二次世界大战后过度捕捞变得平常
1960—1970 年	渔业和养殖业粗犷的扩张和发展
1974 年	第一个海洋保护区建立在宿务岛
1975 年	中央渔业法令鼓励最佳渔业开采
1975 年	将保护红树林列入森林规范
1976 年	建立了环境影响系统
1976 年	建立了国家红树林委员会
1976 年	限制商业捕鱼在离海岸线 7 km 以外进行
1976—1981 年	海洋科学中心进行了 5 年的珊瑚礁资源评估
1978 年	仅限科学研究采集珊瑚
1978 年	成立海洋公园特别小组为海洋公园选址
1978 年	建立菲律宾延伸经济区
1979 年	建立由 22 机构的海岸带区域管理委员会
1979—1982 年	圣米盖尔湾的第一个小规模综合渔业研究显示过度捕捞
1981 年	菲律宾成为 CITES 的签约国
1983—1987 年	政府开展渔业增产项目
1984—1992 年	世界银行资助的维萨亚斯市社区 ICM 项目开始
1985—1986 年	西里曼大学的 USAID 和海洋保护与开发项目将 Apo，Pamilacan，Balicasag 岛列为成海洋保护区
1986 年	在菲律宾海域禁止 Muro – ami 和 Kayadas 捕鱼方法
1986—1992 年	由 USAID 资助的多研究机构和政府合作的第一个海湾管理项目在仁牙因开展
1987 年	渔业与水生生物资源局由自然资源部划到农业部
1988 年	第一个国家海洋公园在图巴塔哈暗礁建立
1988 年	食猿雕基金会资助筹建三描礼士省圣萨尔多瓦岛海洋保护区
1990—1997 年	由 ADB 资助的 DA – BFAR 渔业项目开始启动海湾级别范围的管理

1991 年	地方政府规范将责任赋予地方政府
1991 年	东南亚渔业发展中心社区级别的渔业管理在 Malalison 岛开展项目
1992 年	菲律宾理事会制定可持续发展规划
1992 年	菲律宾成为 21 世纪议程的签署国
1992 年	国家保护区综合系统法令通过
1993 年	DENR 的海岸带环境项目成立
1994—2005 年	东亚海环境管理合作区域项目在 Batangas 和 Manila 海湾成立
1995 年	渔业和水生生物资源管理委员会被授权
1996—2004 年	成立由 USAID 资助的 DENR 海岸带资源管理项目
1998 年	渔业规范强调当地政府在管理中的重要性
1998 年	第一个国家级海岸带市长会议举行讨论 ICM 问题
1998—2005 年	根据由 ADB 和日本资助的 FSP 海湾海岸带管理项目的经验和教训建立了渔业资源管理项目
1999 年	菲律宾将五月份定为海洋月
2000 年	DA 和 DENR 签署执行渔业规范的合作协议
2001 年	100 多个城市为 ICM 分配资金预算
2001 年	南部 Mindanao 海岸带综合管理项目开始
2002 年	在 DENR 中海岸带和海洋管理办公室取代 CEP
2003 年	海岸带城市 CRM 认证系统获批准，Inabanga，bohol 和 Hagonoy 成为首批认证城市
2003—2004 年	国家海岸带管理政策在国家层面审核
2004 年	20 多个组织（学术、非政府和政府）对检测和评估 MPAs 的标准系统达成一致
2004 年	USAID 发起渔业可持续发展项目

Source：White，et al.，2006.

从 1999—2008 年，这 11 个国家合作并实施了一个后续项目"建立东亚海环境管理伙伴关系"，即 PEMSEA 的诞生。国家级的 ICM 示范点分别建立在以下地区：巴厘岛（印度尼西亚）、春武里（Chonburi）（泰国）、岘港（越南）、巴生（Klang）（马来西亚）、南浦（Nampo）（朝鲜）和西哈努克（Sihanoukville）（柬埔寨）。此外，20个 PEMSEA 并行站点分别设立在中国、印度尼西亚、菲律宾和越南。

这些地区开展的 ICM 活动对能体现出可持续发展原则的全球规定和国际文书做出了贡献，例如：

● 联合国海洋法公约（UNCLOS）；

● 21 世纪议程（Agenda 21）；

● UNEP 全球保护海洋环境免受陆地活动影响行动纲领；

● 全球生物多样性公约关于保护和可持续利用海洋和海岸带生物多样性公约的雅加达条令；

● 联合国跨界和高度洄游鱼类种群的协定；

● 全球海洋、海岸带和岛屿会议；

● 新千年生态系统评估，进一步阻止全球生态系统的退化，包括海洋和海岸带生态系统的退化；

● 万鸦老（Manado）海洋宣言；

● 2009 年 11 个国家签署的马尼拉（Manila）海洋宣言，为可持续发展和适应气候变化加强在东亚海实施 ICM 项目。

在上述努力的基础上，建立了一个基于实施海岸带综合管理的可持续发展框架。该框架将在模块 3 介绍。

小　结

由于拥有利于人类生存和定居的资源系统，海岸带是主要的社会经济发展区域。这又可能使海岸带成为资源过度开采和环境恶化的地区，从而严重降低海岸带生态系统通常产生的商品和服务的水平。

为了从海岸带得到更长时期和更多的收获，海岸带资源的使用和开发水平必须保持在其产生商品和服务的能力范围内，这就需要精心管理影响海岸带生态系统完整性的所有人类活动。

当政府、民间团体和个人等相关利益者各方的努力得到综合和协调时，海岸带和海洋地区的管理将更加有效，这也是 ICM 方法的主要思路。ICM 克服了传统的单一部门管理方法的弱点，它提醒各利益相关者，由于他们的许多活动都能影响生态系统，各部门都应参与保护海岸带的可持续性。与单一部门的管理不同，ICM 考虑了海岸带地区多种用途的跨部门影响。

评　估

学员应能够理解海岸带资源系统、当前困扰海岸带环境的问题、管理人类活动的重要性，以及论述 ICM 相对于单一部门管理方法的优势。

模块 2　海岸带综合管理的原则

简　介

本模块强调了可持续发展的原则，并讨论了 ICM 为什么被认为是实现可持续发展目标必不可少的工具。介绍了 ICM 3 个基本原则：适应性管理、整合与协调和基于生态系统的管理。

学时：2 小时。

学习材料

讲义 2.1　马尼拉湾海岸带战略；

讲义 2.2　渤海可持续发展战略。

目　标

通过本模块的学习，学员们应该可以：

（1）讨论可持续发展原则的层次；

（2）阐释如何将可持续发展原则应用到 ICM 项目的批准和实施中；

（3）讨论 ICM 中的适应性管理、整合和协调以及基于生态系统的管理三原则的作用。

回　顾

前一模块强调了以下几点：

● ICM 的方法特点是将政府及其他从事海岸带和海洋管理的部门进行整合协调；

● ICM 承认利益相关者的多样化以及海岸带和海洋地区的多种用途，并意识到确保海岸带的可持续发展，需要不同部门的共同参与。

28

讨　论

讨论分为两个主要部分：

（1）可持续发展与 ICM；

（2）ICM 的原则；

  a. 适应性管理；

  b. 整合与协调；

  c. 基于生态系统的管理方法。

1. 什么是可持续发展

1987 年，世界环境与发展委员会广义地将可持续发展定义为"既满足当代人的需求又不对后代满足其需求构成危害的发展"。本概念旨在改善人类的生活质量，并保护生态完整性。因此，它强调环境、经济活动和发展三者之间的相互依存关系，这是社会生活的核心问题。ICM 最关心的问题就是海岸带和海洋的可持续发展。

为了引导世界各地区能够实现海岸带和海洋的可持续发展，世界范围内已经达成了诸多体现这一原则的国际公约或协定，如下：

- 联合国海洋法公约（UNCLOS）；
- 21 世纪议程（Agenda 21）；
- 联合国气候变化框架公约（UNFCCC）；
- 生物多样性公约（CBD）；
- 世界可持续发展峰会（WSSD）——约翰内斯堡执行计划；
- 联合国千年发展目标（MDGs）。

2003 年，12 个东亚国家通过的东亚海可持续发展战略（SDS‐SEA）就是以上述原则和其他国际环境文件为准则制订的行动方案。这些原则用以指导决策和管理行为，并为立法、制定政策、方案和项目提供基础。

这些原则可以安排在不同的概念层次（图 2.1）。海岸带地区和海洋的可持续发展原则是最终目标，为第一层次。第二层次是支持可持续发展的基础原则。第三层是实质性的原则，它们是基础原则的具体化。最底层的是关于直接操作方法的程序性原则。

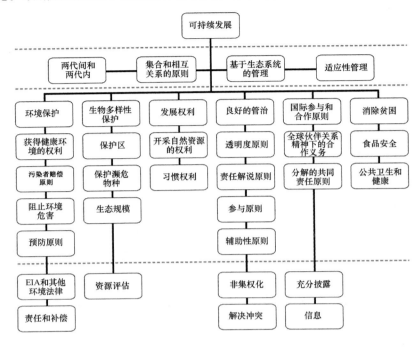

图 2.1   可持续发展原则的各个层次

要理解这个层次结构，应该注意到：

1）图 2.1 显示了海岸带和海洋面临的复杂问题以及采用综合多维方法解决问题的必要性。

2）该层次结构图表明可持续发展原则的各个模块是相互关联和互补的。

3）图 2.1 显示了所有原则的重要性以及各个原则的同等重要性。

4）这些原则为针对不同情况制定合适的政策提供指导。

该原则的层次结构图为实现可持续发展和将看似模糊矛盾的原则转化为行动提供了指导。同时，我们要明确这种层次结构和原则是不断发展、变化和转换的。

2. 为什么 ICM 是实现可持续发展目标的重要工具

可持续发展是一个复杂的概念。为了能够理解海岸带和海洋地区的可持续发展是如何实现的，我们需要展示 ICM 是如何成为实现可持续发展的工具的。

现有的 ICM 实践可以近似的反映可持续发展原则的层次结构，这可以证实通过 ICM 来实现可持续发展是可行的。应用中的 ICM 包括：

1）广泛的方法：支持可持续发展的各项基础方法。具体来说，它们是：

- 适应性管理；
- 整合和协调；
- 基于生态系统的管理方法；
- 环境保护和自然资源的可持续利用；
- 可持续生计。

2）运行战略：建立一个有效管治框架。具体来说，它们是：

- 政策改革和体制安排；
- 共同愿景、公众认知、利益相关各方的参与；
- 带有责任的伙伴关系或网络；
- 知识管理；
- 能力发展；
- 融资安排；
- 监测和评价；
- 推广。

3）操作工具：提供最佳实践方案。具体来说，这些是：

- 管理分析；
- 协调机制；
- 风险评估；
- 环境影响评价；
- 利益相关分析；
- 成本效益分析；
- 提供参与谈判、冲突解决和仲裁机会的工具；
- 法律或规定性文件（陆地和海洋的使用规划、海洋资源分配、规范、标准等）；

● 经济手段（收费、补贴、摊派、罚款、激励机制等）。

3. 什么原则使 ICM 不同于其他管理框架

在众多原则中，有三个原则形成了 ICM 实践的基础并使其不同于其他海岸带管理框架。它们是：

1）适应性管理；

2）整合和协调；

3）基于生态系统的管理方法。

适应性管理 格言"边干边学"和"熟能生巧"概括了 ICM 这一基础原则。采取适应性管理的前提是，有关资源系统的信息和知识以及如何管理它们在很大程度上是不确定和不完整的。这一原则是指规划、实施、评估、修改或返工等各个环节不断做出修正和调整，最终达到相互协调和适应，完成目标。此过程让我们学会如何发现、分析和解决问题，以及确保学到经验教训并相应调整的管理工作。总之，适应性管理促进个体的学习和思考，以及机构和社会的持续改善。栏 2.1 是一个适应性管理的例子。

栏 2.1 菲律宾巴丹省适应性管理案例

菲律宾巴丹半岛的 ICM 计划由于 2004 年省级领导的更替导致活动延缓了几乎一年。虽然项目管理办公室和协调委员会一直存在而且其他 ICM 活动也在继续，但是仍缺少新的地方领导的支持。项目组响应领导更替这一变化，给新的管理者一定时间去重新审查项目方法和方案，以及本项目能为该省带来的好处。新领导还应邀参加了厦门 ICM 试点考察和 2005 年 4 月在印尼巴厘岛召开的地方政府实施 ICM 的区域网络会议。项目组还根据新领导优先关心的问题在 ICM 工作中做了调整。最后，新领导人深信 ICM 的好处，并成为 ICM 的带头人以及区域网络重要的领导者。

适应性管理方法教导人们如何调整某一部门的行动计划以应对情况、问题和关注事项的变化。这一原则强调某一部门必须做好准备，根据一些不可预见的因素，及时做出适当的行政调整和管理改变。这些因素往往来自生态不确定性以及政治和管理条件的变化，这些都会妨碍ICM 项目的顺利实施。因此，这一原则强调知识管理的重要性。明智的规划和决策依赖于全面充分的科学和社会经济资料（IOC，2005）。

整合和协调　整合原则的职能是确保：① ICM 项目内相关部门的政策和管理措施保持一致；② 为促进政策和功能整合而进行的政策和管理改革应以科学指导为基础；③ 各种跨部门活动要为实现最终管理措施的推广而进行协调和改进。

每一个 ICM 计划有关的 3 个层面的整合：系统整合；职能整合；政策整合。

系统整合与海岸带资源系统的时间和空间尺度有关。政府机构和企业工作的时间周期以及生态季节和生态周期是必须要考虑在内的。ICM 管理措施必须与这些现实的时间周期相符，否则机会就可能错失。

另一方面，空间整合承认陆地、海岸带和海洋的相互联系。认识到陆地活动对海岸带和海洋的影响，对 ICM 的成功是很重要的。

总之，系统整合应确保当地生态、社会和经济方面的管理问题都能在 ICM 措施中得到考虑。这意味着 ICM 管理者应掌握当地生物物理环境、社会经济特征和海岸带经济活动的时空信息。像前一模块提到的一样，这样能确保管理策略的制定具有整体性，能反映出生态、社会和经济等各方面的问题。

职能整合与各种 ICM 管理行动中的内在一致性有关。这就意味着相关机构应该尽力谋求合作和伙伴关系，减少他们管理工作中的重叠部分并进行互补。例如，为特殊用途制定一个海岸带自然资源的区划就是一个很有效的功能整合形式。这种规划可以规定每个区域的活动类型，限制可实施项目的类型，并确定各机构的具体职责。

政策整合可以确保地方政府和国家的政策与经济发展计划保持一致，这种整合有利于方案、项目和活动之间的互补，也有助于改善和协调公共机构的活动。

政策整合和职能整合需要跨部门、跨机构（横向或部门间的整合），并且跨越管理等级（纵向或层次间整合）。应该强调的是国家在政策和资源方面的支持对地方工作成效的提高是必不可少的。

这三个层面的整合如果没有协调是无法实现的。在为一个目标的实现而努力的过程中，协调是一种促进既定政策和管理方法高效、低成本实现的业务化手段。

这样做可以避免重复、精简行动，共享知识和资源。协调机制可以采用国家或地方层面上的跨机构、多部门委员会或理事会的形式。

基于生态系统的管理方法　该原则侧重于维护生态系统的完整性，生态系统为人类的健康提供了的必要的商品和服务。基于生态系统的方法是指有效的生态系统管理应是对人类和环境的共同管理。

根据 2006 年新千年生态系统评估，人们对食物、水源和其他资源需求的快速增长已经导致生态系统服务功能骤然退化。这已经成为实现千年发展目标和可持续发展的一个障碍。

本方法有利于 ICM 在时空两方面的扩展。我们应该认识到，一个地方的环境问题常常受到另一个地方的生态、社会经济和政治因素相互作用的影响。因此，ICM 应该有大局观并得到推广。栏 2.2 为一个推广的例子。

栏 2.2　海岸带综合管理在马尼拉湾和渤海的空间推广案例

马尼拉湾（菲律宾）和渤海（中国）的海岸带战略是管理整个流域—河流—海岸带系统的例子。例如，马尼拉湾海岸带战略是针对 17 000 平方千米（包括 26 个集水区）的流域和 1 800 平方千米的海湾地区的多用途问题的管理。同样，渤海作为中国唯一的内海，有三大水系注入（黄河、海河和辽河）。流域面积达 140 万平方千米，这就意味着渤海的可持续发展战略需要三个海岸带省和两个沿海城市的通力合作。

小　结

可持续发展原则为决策和管理行为提供指导，也是制定法律、政策、方案和项目的基础。海岸带和海洋可持续发展的总体原则是复杂的，需要一个综合的且多层次的解决方案。因此，为完成最终目标，应遵循这些原则。

基础性原则是支持可持续发展的基本方法，实质性原则或可操作性战略是基础原则的扩展，程序化原则则是实施这些战略所使用的操作工具。这些原则在应用时，应根据目标问题的性质选择单独或组合式使用。

海岸带和海洋管理有 3 个基本的 ICM 原则。适应性管理强调在环境变化和不确定的情况下调整战略和方法的重要性。整合和协调原则强调管理工作中一致性和互补性的重要。基于生态系统的管理方法的重点是保护生态系统的完整性。这些原则是 ICM 实践的基础，也是不同于其他海岸带管理框架的地方。

评　估

学员应能解释为可持续发展和 ICM 奠定基础的原则在层次结构与 ICM 之间的联系，能论述适应性管理、整合和协调以及基于生态系统的管理 3 个原则在 ICM 中的作用。

模块3 基于实施海岸带综合管理的海岸带可持续发展框架

简 介

本模块通过 ICM 的实施，概述了海岸带可持续发展（Sustainable Development of Coastal Areas，SDCA）框架，目的是使学员更好的理解海岸带可持续发展的主要组成部分。

时间：3 小时。

目 标

通过本模块的学习，学员应能够：

（1）讨论基于实施 ICM 的海岸带可持续发展框架的意义。

（2）解释海岸带可持续发展框架的组成部分。

回 顾

ICM 被视为可持续发展的操作性定义。ICM 包括：① 支持可持续发展的基础方法；② 产生有效管理框架的业务策略；③ 提供最佳实践的操作工具。

ICM 的 3 个基本原则是适应性管理、整合和协调以及基于生态系统的管理。

适应性管理强调为应对环境变化和不确定性而调整战略和方法的重要性。整合和协调原则强调管理工作中一致性和互补性的重要。基于生态系统的管理方法的重点是保护生态系统的完整性。

讨 论

本模块将详细说明这个框架以及如何将其应用到海岸带可持续发

展中。

讨论分为 3 个部分

（1）基于实施 ICM 的海岸带可持续发展框架介绍（SDCA 框架）；

（2）SDCA 框架的管理要素；

（3）SDCA 框架的可持续发展方案。

1. 什么是 SDCA 框架

SDCA 框架是东亚地区基于 ICM 应用实践经验而形成的一个海岸带可持续发展基本框架。它涵盖了一个管治系统，以及为实现可持续发展整体目标而设的几个专题管理系统。它可以为国家和地方在促进可持续发展的倡议和方案上提供有益的指导。

在这个框架下，一个完整的 ICM 项目应包括（图 3.1）：

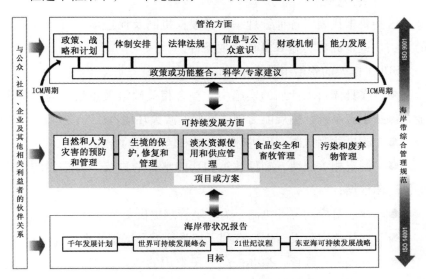

图 3.1　基于实施 ICM 的海岸带可持续发展框架

a. ICM 项目开发和实施周期的应用，在管理和战略行动方案指导下规划和执行各项活动；

b. 海岸带状况（SOC）报告系统，通过可测量的过程、影响指标、目标，实现对海岸带现状的监测并做出响应。

c. 参照国际质量管理和环境管理标准，采用国际标准（ISO）的 ICM 规范。

这些重要组成部分将在下文讨论。

2. SDCA 框架的管理要素

为确保海岸带的可持续性，其管理需包含几个必不可少的要素，即

1）政策、战略和规划；

2）体制安排；

3）立法；

4）信息和公众意识；

5）可持续的财政支持；

6）能力发展。

这些要素代表了各种管理举措、授权机制及促进项目可持续进行的方法，这是成功实施 ICM 的必要条件。

SDCA 框架的管治组件主要有以下几个：

● 在具体行动计划的实施中，整合相关政策及策略，为筹集资金、保护生态系统、拓展能力创造良好的政策环境；

● 改进体制机制，促进部门间的和跨部门的合作；

● 制定相关法律，确保政策和功能整合的进行，为它们的执行提供法律依据；

● 建立对应的筹资机制，为环境管理提供资金支持；

● 加强能力建设，创造有利于加强地方海岸带管理的环境；

● 开展公众教育、举办提高公民意识的活动，创造一个公开的环境，加强公众参与管理。

3. 政策、战略和规划

在 ICM 中，政策决定了保护和管理海洋及海岸带环境的最终目标和方向。

海岸带和海洋政策的制定通常来自于国际协定和议程的驱动。这

些协定进一步体现在国家规划和立法上，最终付诸实践。

以下事例阐明了国际政策对保障海岸带和海洋环境的可持续发展所采取的政策或改革的影响：

1）1982 年的《联合国海洋法公约》（UNCLOS）：它是一个综合性的文件，规定了各国海洋方面的权利和义务。

2）《21 世纪议程》：列出了 40 种促进全球海洋、淡水资源和海岸带地区可持续发展的行动计划。虽然它对缔约国没有约束力，但在国际和国家的环境立法中已经很有影响力。

政策设定了行动的方向，而战略和规划则是这些方向的更具体的形式。在东亚地区，海岸带管理已经变得相当复杂，多重的和高密度的使用、沉重的人口压力以及政治、组织和部门间的利益冲突普遍存在。而针对个别问题的临时性监管措施已经被证明是不足的，从长远来看也是不起作用的。

像国际和国家规定以及 ICM 最佳实践中建议的那样，为了应对这个问题，ICM 管理者和地方或国家领导者已经意识到为了达成共同的价值观、愿景和目标，首先要做的应是将各利益相关者集合起来。这通常需要采用一个海岸带战略的形式。海岸带战略更详细的讨论将在本课程的模块 6 中（ICM 项目的启动）介绍。

4. 体制安排

涉及资源利用、保存和保护的管理战略如果在适当的法律框架内实施才会有效。因此，政府参与 ICM 是必不可少的。不经过政府同意的 ICM 计划是很难开展的。

ICM 项目经常受到现有体制的挑战。此外，不同利益相关者的共同参与有时也会有利益争夺。因此，需要一个坦率的协商过程，为处理一个政治社会经济方面的问题做出适当的体制安排。通过适当的立法促进有效的体制安排。

一个有效的协调体制或机制对 ICM 项目实施是至关重要的。如果 ICM 在处理跨部门关注的问题时缺乏合法的体制/机制基础，就必须建立并运行协调机制，以促成项目的实现。据 Chua（2006）所言，历史上，在管理跨界环境和自然资源问题时，就存在着协调机制对 ICM 项目的实施发挥巨大作用的先例。

职能协调机制的建立和制度化的优点是：

● 协调重叠的机构职责和利益相关者的利益冲突；

● 识别职能和责任方面的缺陷，确保政策和管理措施以一个有凝聚力的方式整合在一起；

● 更确切的是，它提供了政策方向，并协调多方机构和利益相关者参与 ICM 项目的实施。

5. 立　法

立法是管理组件的 6 个关键要素之一。从广义上讲，立法是指具有适当管理水平的立法机构通过的法律。

立法涉及国家和地方法律的制定和实施，它能支持并促进 ICM 项目新的和现有政策有效实施。由于复杂的司法管辖，为 ICM 项目创建一个适当的法律框架是也一个挑战（Cicin – Sain and Knecht，1998）。

适当的立法能促进变化的引入，认识措施的意义并保证措施的持久性。ICM 项目中，立法提供了 ICM 行动计划的合法性，成为强制遵守的原则，并对维持这些举措起到指导作用。

立法的基本规则是只有在立法机关的权利范围内规定的才有效。因此，如果国家次级立法机构想立法，必须确保该立法是在其授权的范围内。就这一点而言，要制定的法律不应违反或与现行的国家法律相冲突。

立法在实施国际公约和其他文书的过程中起着很重要的作用。理想情况下，各个文书的执行均要通过国家的海岸带或海洋政策建立一个跨部门框架来实现。这对 ICM 的正当实施来说也是很重要的。此外，这样的政策将为地方政府在海岸带和海洋环境管理方面的行动提供指导方针。

6. 信息和公众意识

赢得广泛的支持需要各利益相关者（从决策者、规划者、管理者到一般公众）理解和认识到 ICM 的好处。有效的信息发布和对公众的宣传活动有助于提高公众对海岸带管理综合过程的信任和重要性。这可以通过建立或增强知识、影响人们的态度和行为，驳斥对 ICM 切身和长远利益方面的错误观点等实现。一个有效的 IEC（信息、教育和交流）活动可以促进公众关注一个问题，可以使利益相关者改变态度，可以影响决策和管理决定以及改进政策和法律的执行。

提高利益相关者的认知度，有利于他们站在更有利的高度作出明智的选择并行动。利益相关者的赞同和对 ICM 优势的理解将为实现海岸带和海洋的可持续发展建立统一的愿景。在此基础上，一个持续的信息发布和公众认知过程将有利于提高行动的速度，增加服务需求，从而实现保护和管理海岸带和海洋环境。在利益相关者强烈需求的催促下，政府应通过在各自地区实施 ICM 的必要管理机制，来应对选民们的需要。ICM 计划能否持续取决于上述行为促进地方所有权和展示政府机构职能的主动程度。

发布和传授信息、举办提高公众意识的活动是推动 ICM 开展的力量之一，作为整个 ICM 周期的一部分，应当立即实施。表 3.1 展示出了信息和公众认知是怎样贯穿于 ICM 循环过程中的。

7. 可持续的财政支持

可持续的财政支持是指为保护环境资源提供的充足、稳定、长期和自我维持的财政资源。

它不仅包括确定各渠道的筹资机制，更重要的是及时和合理的分配资源，以保证环境资源管理的及时有效。也就是说，财政的可持续性如果缺乏有力和有效的资源管理机制是很难实现的。

尽管外界的或更多的预算可以促进并加强 ICM 计划的开展，ICM 计划在国家和地方政府有效预算范围内也可以启动。当 ICM 计划被纳入到地方政府的发展规划时，往往更容易成功。因为这将确保足够的预算和人力资源以使项目具有可持续性。厦门和八打雁的经验就证明了这一点。

筹资机制面临的挑战是如何利用管治要素（包括有限的公众资源）来带动私营部门和利益相关者的额外资源。

地方政府可以通过吸引私营部门资源、生成更多的公共部门资源等行动来补充国外援助。此外，理解该地区所提供的商品和服务的性质可以指导资源规划者如何管理以创造收入。理清所有潜在的融资来源，包括公有的和非公有的，以及它们的用途并结合利益成本的影响，可以在确保公共和私有资源方面提供更大的灵活性和更多的创新手段。

表 3.1　将公众教育计划融入 ICM 的过程中

什么时候实施公众教育和宣传活动		信息和公众认知战略的案例
准备阶段	初步信息推动： • 介绍 ICM 的概念和实践 • 确定利益相关者 • 组织协商会议	• 在协商会议期间，使用海岸带和海洋视频材料作为 ICM 效益的背景材料； • 在社区和协商会议场馆附近张贴海报； • 向广大市民发放 ICM 传单和材料（例如，海岸带综合管理的政策简报、菲律宾海岸带和海洋振兴计划等）
启动阶段	沟通计划、公众教育和宣传方案： • 启动初步的公众认知活动； • 开展利益相关者分析； • 海岸带战略、环境概况和初步风险评估的协商过程	• 公众宣传活动的对象应是广大市民，通过海洋和海岸带环境的广告牌、散发传单和小册子、以及视频材料（AV）引起观众的注意； • 在发展海岸带战略、环境概况和初步风险评估过程中利益相关者的直接参与
发展阶段	咨询与反馈： • 实施具体的公众认知活动； • 提升行动计划和海岸带战略； • 促进公众认知和应急评估方面的参与性研究； • 提高公共和私营间的承诺和投资	• 研究活动中利益相关者的直接参与； • 研究成果的出版和传播（例如，通过政策简报、小册子或网站）； • 尤其是向那些决策者和私营机构，在正式或非正式的讨论和会议中向利益相关者展示结果，以获得解决重点问题和关注的支持； • 研究成果和重点问题的推广（即，简化格式以供公众使用），并通过视听材料和当地其他媒体传播给广大市民
批准阶段	促进海岸带战略实施计划（CSIP）的接受和批准	• 海岸带战略实施计划的出版和传播； • 通过一个海滩附近的项目举办批准仪式（如果可能），并辅以海滩清理或其他相关活动
实施阶段	促进海岸带战略实施过程中的接纳和参与	海滩清理、红树林恢复和回收举措中应包括各利益相关者
完善和巩固	公众认知和参与的评价： • 下一周期的修改和变化	通过调查、访谈和直接观测来衡量信息和公众认知活动的效果，并调整具体方案

8. 能力发展

根据联合国开发计划署的定义，能力发展是指"以制定和实现它们的发展目标为目的，个人、组织或社团获取、加强和维护能力的过程"。

海岸带和海洋的有效管理对于大多数沿海国家，尤其是发展中国家，依然是一个具有挑战性的任务。规划、实施、管理自然资源和环境项目方面的技术和管理能力依然缺乏，也是发展过程中的一大障碍。

特别是海岸带管理工作涉及不同层次的利益相关群体共事，需要较好的了解影响海岸带各环境要素的相关知识。

不同类别的利益相关者，如决策者、政府官员、私营部门和团体，参与到 ICM 周期的不同阶段，覆盖了很多不同的活动，如：

- 建立公众意识；
- 规划、技术和管理能力的建设；
- 加强部门内部和多部门间的伙伴关系；
- 完善体制、建立法律框架；
- 制定和实施行动方案。

丰富他们的知识和经验可以促进 ICM 计划的有效实施。

ICM 计划需要采用旨在加强人力资源和体制能力的战略，如：

- 对 ICM 成功案例的考察访问，有利于政治领导人、海岸带管理者、高级政府主管官员及其他利益相关者提高意识和观念，增加对 ICM 方法的认同度；
- ICM 项目的开发和实施过程可以使各利益相关者亲身体验 ICM 框架及其实施过程的价值，并从中学习规划和管理技能；
- 实习和奖学金计划是一个有用的战略性的能力发展手段，有助于建立一个强大的在环境管理和可持续发展方面具有专业技能的专业团队；
- 专业培训，为 ICM 计划提供技术支持；
- 建立 ICM 专家网络是一个战略性的举措，有助于加强知识共享和信息交流方面的跨学科合作。

9. 可持续发展计划

可持续发展（SD）计划包括 5 个主要组成部分：灾害、生境、水、食物和污染，它们代表了任一海岸带区域内所有地方政府和社区都会共同关注的问题。

战略行动计划也是通过这些方面来发展的。对每一个 SD 战略行动计划来说，有效的实施依赖于它是否具有：

1）明确的目的、合理的目标和行动、对应的合适的技术和方法；

2）到位的有利条件（即管治要素：政策、体制安排、配套法律、财政支持、利益相关者的认可和参与能力等）。

解决这些共同关心的问题的能力、各机构各自政策和功能的适当整合以及利益相关者和公众的支持，会带来很多好处，它们包括：

● 多用途冲突的解决；

● 改善环境质量和保护生物多样性；

● 有效应对气候变化；

● 水资源的保护和有效的供水服务；

● 通过消除贫困和改善粮食安全的措施来提高生活标准和生活质量。

可持续发展的五个方面将在下文讨论。

10. 自然和人为灾害的预防与管理

许多国家都有自己的灾害管理战略和响应系统，且大部分都是在国家层次上进行协调。然而，很多发展中国家的经验告诉我们，在协调不力的情况下应对自然或人为灾害往往会被延迟。

菲律宾吉马拉斯（Guimaras）省在 2006 年的石油泄漏事件反映了溢油应急反应的迟缓和机构间协调的混乱，致使地方政府没有明确的方向采取补救措施（CBS 新闻，2006；WWF - UK，2006）。ICM 计划应当为地方政府制定一个全面综合的应对自然和人为灾害和管理的方案，使它可以不受体制的限制，利用现有的可用资源解决共同的威胁。

在全球变暖的可预测危害下，如温度上升 1.8 ~ 4℃，海平面上升

0.2～0.6 m（IPCC，2007），地方政府应当做好充分的准备，以评估其脆弱程度，并采取适应性措施增加社会和生态系统的恢复能力。这样，它自己就对任何由自然原因或人类活动而产生的灾难做好了准备。ICM 系统的目的就是为地方政府及其利益相关者做好应对此类灾害的准备。当需要与国家主管部门进行协调时，为了人民的利益，地方政府应采取主动，与有关机构保持密切的协调。

11. 生境保护、恢复和管理

地方政府单位（LGU）也应在生境的保护、恢复、管理，以及文化遗产的保护方面发挥更强的作用。这些生态系统和文化遗址位于其行政管理的区域内，因此 LGU 在协调行动方案的规划和实施中应当发挥关键作用。地方政府应当发展一个综合协调方案，该方案整合在了海洋保护区、红树林和海草的种植、保护生态系统和生物多样性的立法以及其他管理措施等各方面的努力，以使生境管理成为 ICM 计划的一部分。对于那些中央政府在海洋保护区管理中发挥重要作用的国家，地方政府也应当与中央政府紧密合作，因为他们是保护好海洋国家公园、海洋保护区和文物遗址的直接受益者。

12. 水资源使用和供给管理

随着海岸带地区城市化的迅速发展，淡水短缺可能严重影响该地区现有的和新的沿海城市。在大部分发展中国家里，城市水资源管理的标准离期望的还很远。东亚区域内外的很多国家都没有安全的饮用水。大多数人日常生活用水依赖于瓶装水。地区内很多国家的地下水开采量是无约束的。在那些已经取得政府控制的地方，由于地下水价格往往比自来水低很多，因此，鼓励企业进一步的开采地下水。但是地面沉降经常发生，海水入侵地下水并污染淡水层和影响作物生产事件也时有发生。

对水管理，特别是水的使用、供给、再利用以及水资源管理已成为可持续发展的不可分割的组成部分。水管理必须成为城市和农村规划中的一个主要考虑因素，尤其在有增加城镇人口计划的地区。

13. 食品安全和生计管理

海岸带和海洋是生活在东亚沿海地区约 20 亿人口中很大一部分人的食物和生计的首要来源。尽管本地区的经济发展很快，如中国和越南的国内生产总值一直保持在一个相当高的增长水平，每年约 10%，但仍有很多人生活在收入为每天 1 美元的地区。虽然在大多数国家，沿海地区相比内陆地区，人口收入水平较好，但沿海人口中仍有大量的穷人，包括那些依靠打鱼为生的渔民。

鱼是东亚沿海地区蛋白质的重要来源，人均鱼类消费量是世界上最高的地区之一。该区域的渔获量占世界总量的约 40%，水产养殖量占世界产量的 80% 之多。鱼产量的很大部分在当地消化。因此，渔业和水产养殖对该地区的食品安全发挥着显著的作用。

在很多大城市以及城市化进程中，对有限的水资源空间的竞争致使渔业作用的减少。因此，需要对渔业在城市和农村的作用重新评估。海岸带地区城市化可能导致渔业为基础的生计被取代，因此，确保新生计方法的产生是非常重要的。一个全面和可持续发展的渔业管理计划应遵照联合国粮农组织的负责任渔业行为规范来制定（FAO，1997）。该计划应考虑到其他海洋生物资源和相关生态系统的可持续利用。

14. 污染减少和废弃物管理

污染是海岸带管理中面临的一项重大挑战。大部分的污染物来自陆地，包括工业、生活和农业。另外一小部分来自船舶以及海上勘探和采获活动。在世界上许多国家，特别是在位于东亚海地区的国家中，由于高人口密度导致的沿海水域污染相当严重。所有地方政府都必须面对固体废弃物、污水、危险废物、外来物种入侵等问题的处理。在很大程度上，沿海地区的空气污染主要来自于汽车尾气、工业燃料排放和不受控制的垃圾焚烧废气。空气和水的质量管理也是一个沿海城市可持续发展的重要组成部分。一个全面综合的空气和水的质量管理计划应由地方政府发展和批准。

46

许多国家和地方的相关机构已经在上述的方面做了一些工作。然而，加强 ICM 是为了协调这些不同的计划，使他们相辅相成并具有良好的成本效益。ICM 计划不应被看做是与相关机构争夺资源或者其他计划，而应被看做是一个能够增加价值和资源，加强他们工作的计划。从本质上讲，ICM 的作用是在关键项目的实施中，促进各相关机构工作的整合。

15. ICM 计划的发展和实施周期

ICM 计划的发展和实施周期是指 ICM 计划的政策方向和管理措施按阶段进行的过程。ICM 周期更详细的讨论将在第二单元展示。

16. 海岸带状况（SOC）报告

海岸带状况（SOC）报告是一个记录海洋和海岸带资源现状的综合并全面的方法的报告，包括针对某个环境问题该地区正在采取的政策和管理措施。

SOC 起着为开展的工作是否满足国际和区域协定的要求打分的作用。它是一个可以帮助提供最新的与所关心的海岸带地区（省/州/区、自治区/直辖市、区/县、村）的人口和社会经济条件有关的基线资料的工具。它还提供了地方当局的治理成效的信息，涉及海岸带或海洋政策、部门政策、协调机制、相关立法、财政、公众咨询过程、能力发展方面的努力等工作是否已做到位的信息。

SOC 为地方政府提供了一个发现问题并考虑是否应立即采取行动解决问题的机会，报告的生成及所带来的结果会在下一期的 SOC 报告中得到评估。

SOC 的意义在于是其包含的信息是从头开始不断积累的，在每个报告周期中信息得到不断丰富。

17. ICM 规范

ICM 规范包含了国际环境管理标准（ISO 14001：2004）和国际质量管理标准（ISO 9001：2000）的基本管理要素。地方政府通过 ICM 规范能够加强其环境管理体系和质量管理体系。规范可以有效地将 ICM 从一种合作松散、记录不明和高度依赖管理经验的方法转变为面向过程的、记录完善的、制度化管理的体系。

通过将 ICM 管治过程中的要求与 ISO 9001 质量管理框架对照匹配，并将可持续发展计划要求与 ISO 14001 环境管理框架对照匹配，ICM 规范为发展和实施海岸带综合管理体系（ICMS）提供实践规范。

规范能够精简并整合各种政策、策略及资源，形成规程，使地方政府在一个标准计划和管理框架指导下，按照形成的规程，采取具体的行动计划完成 ICM 计划。

ICM 规范还规定了一些需满足的基本要求并为审计和评估过程提供基础。

将 ICM 实践进行规范化编写只是一种尝试，但由于科学上的不确定性、管理上的复杂性和变化的环境，适应性管理仍然是 ICM 的一个基本原则（Holling，1978；Imperial & Hennessey，1993；Chua，2006）。

18. 政策和功能整合

正如前面模块的讨论，政策整合可以确保国家和地方的政策和经济发展计划保持一致。

另一方面，功能整合则与各种 ICM 管理行动之间的内部一致性有关。这意味着有关机构应尽力合作和建立伙伴关系，以确保他们之间的管理工作是不重复的，且相辅相成的。

19. 伙伴关系

在 ICM 的实践中，伙伴关系被定义为两个或两个以上实体之间共同开展一个活动或多个活动的关系，它没有法律约束，而以实现共同的目标或愿景来约束。伙伴关系涉及政府、私营部门、学术界、群众团体等。一个良好的伙伴关系计划是建立在每个合作伙伴的资源、专业和技能的基础上的。

ICM 的合作伙伴关系往往是建立在一个共同的或共享的愿景，即海岸带及海洋资源和环境所提供的商品和服务的战略性使用上。为使伙伴关系发挥效用，每个合作伙伴的职责必须明确，包括参与具体活动、确保能交付特定的产品、同意对成果和承诺进行衡量。

20. 科学或专家意见

在 ICM 中，决定应基于科学，因此研究机构和大学的科学投入是必要的。科学咨询意见应整合为 ICM 计划的重要组成部分。

获取所需的科学支持和信息的最好方式是邀请研究机构和大学加入各种 ICM 项目活动。

小　结

近 40 年来，ICM 实践已经发展和演变到今天这个样子。然而，ICM 实践要想变得更完善，仍需结合可以完成这个过程的机制。许多 ICM 实践的内在方面，从管理到战略行动计划的实施，都必须予以标准化和规范化，以使 ICM 的成果和成效具有更好的预测性和可测性。SDCA 框架就是被设想用来提供这种变化。最后，这有助于监测和评价的加强（过去的 ICM 实践这方面比较缺乏）并得出一个更大的增值，即现在海岸带地区的变化可以直接归功于 ICM。随着越来越多的海岸带地区倾向于在 SDCA 框架下发展，快速实现可持续发展的可能性会越来越大。

评　估

学员应能够列举基于实施 ICM 的海岸带可持续发展框架的组成部分，并解释各要素对 ICM 计划的重要性。

单元2 海岸带综合管理计划的发展与实施

第二单元将为学员介绍海岸带综合管理周期（模块4）的概要，并对周期中的每个阶段（模块5至模块10）进行深入探讨。它将帮助学员更好地理解ICM周期的过程导向性、整体性以及每一阶段的需求。

ICM周期的第一阶段为准备阶段，该阶段的深入学习，有助于学员们对ICM形成一个概括的理解，并帮助他们准备，制定ICM计划。本课程的目的是向学员提供信息和训练，以便帮助他们尽快启动本地区的ICM计划工作，找出要编写ICM计划所存在的差距和问题。

模块 4　海岸带综合管理的发展与执行周期

简　介

本单元将概述 ICM 发展和执行过程的六个阶段，即准备、启动、发展、批准、实施和完善，巩固。本单元强调的是周期的过程导向性、各阶段联系的重要性以及各阶段的计划活动，以有效保证 ICM 计划的开展和实施。思考和选择合适的 ICM 项目执行区域（站点）的过程也包括在这一单元中。

学时：2 小时。

学习材料

图 4.1　ICM 开展和执行周期

表 4.1　ICM 政策制定和管理框架要点

视频 2　我们海岸带的未来

视频 3　季风的故事

其他视频　厦门的故事

目　标

在本模块学习结束的时候，学员能够：

（1）解释决定或影响 ICM 计划启动的因素；

（2）列举开展和执行 ICM 计划的关键阶段；

（3）分析和确定有助于 ICM 计划成功有效执行的因子；

（4）讨论 ICM 计划开展和执行中的潜在障碍及解决办法。

回　顾

ICM 计划旨在促进一系列致力于海岸带地区可持续发展的社会经

济和生态目标的实现。单元 1 中阐述的扶持性政策和其他管理因素，将有助于计划的管理和目标的实现。

在制定和实施管理措施时可参照 ICM 开展和实施周期进行，该周期为确定政策方向、选择 ICM 计划的管理方法提供了逐步引导。

讨　论

本模块涵盖以下题目：

（1）ICM 制定和实施的触发点；

（2）制定和实施 ICM 计划的关键阶段和各阶段活动间联系的重要性；

（3）成功有效实施 ICM 计划的因素和潜在障碍；

（4）ICM 计划中管理者的重要作用。

1. 一般哪些因素触发 ICM 计划的需求

ICM 的需要可以由各种外部或内部的因素触发。

在许多发展中国家，所谓的外部因素，通常是指有来自国外的投资。国际宣言，如 1992 年联合国环境与发展大会（UNCED）的《里约宣言》，也能促进发达国家和发展中国家的海岸带发展计划。

内部因素，主要涉及环境问题（例如环境退化、资源消耗等等）、意外事件（例如疾病暴发、溢油、赤潮等）和多样化利用造成的冲突。

如果国家或地方的政策制定者确信 ICM 计划可以提高本地区的竞争优势，创造社会经济及生态效益，那么他们就可以发起 ICM 项目。也有国家通过海岸带政策或 ICM 立法，授权地方政府执行 ICM 计划，如韩国的海岸带管理法案（1999 年），印度尼西亚关于海岸带地区和小型海岛管理的立法（2007 年）和日本的海洋基本法案。

当下列一个或多个条件出现，ICM 计划有必要实施：

● 多部门间严重的使用冲突；

● 自然资源的快速消耗和海岸带环境退化威胁到资源系统功能的完整性；

● 存在重要的生态生境/生态系统，或在提供商品和服务方面具有潜在高生产力的其他资源系统；

● 政府/国家要求保护的具有重要考古或生态、教育意义的海洋保护区。

2. 启动 ICM 的步骤和需要考虑的事项是什么

针对这些触发因子，如果地方政府意识到了在特定地域实施 ICM 计划的需求，但又没有能力开展的，可以采取以下步骤：

a. 确认正在进行的国家或次国家级的行动方案，如果没有国家级的，就找正在进行的地区级的行动方案；

b. 在考察学习了成功的 ICM 范例后，制定开展和实施 ICM 计划的过程；

c. 斟酌恰当的 ICM 行动方案，避免造成错误重复和资金浪费。通常情况下，无论方案的支持者来自国内还是国外，ICM 项目都由当地负责环境和自然资源管理的中心责任部门实施。

PEMSEA 为国家层面的 ICM 政策和计划的制订，以及地方 ICM 项目的开展与实施，提供技术咨询和（或）支持。

厦门（中国）和八打雁（菲律宾）是首批受 PEMSEA 支持，开展和实施 ICM 项目的示范区。随后的示范区还有岘港（越南）、巴厘岛（印度尼西亚）、春武里（泰国）、西哈努克（柬埔寨）、南浦（朝鲜）和巴生岛（马来西亚）。这些示范区的建立是用来测试 ICM 框架的实施效果，展现 ICM 在不同地域、不同行政体制和政治环境下的执行情况。这些地区的最佳实践案例已经被推广到其他实施 ICM 项目的海岸带地区。PEMSEA 将继续为 ICM 的示范推广提供技术咨询和支持。

3. 一个 ICM 计划是怎样开始筹划和运转的

图 4.1 显示的是 ICM 计划的发展和执行周期（也称为 ICM 周期）。该周期是一个对 ICM 计划实施的分阶段管理过程。周期的最终形成来自于 PEMSEA 对东亚海地区 ICM 项目的实际管理经验和不同国家对 ICM 项目的努力。

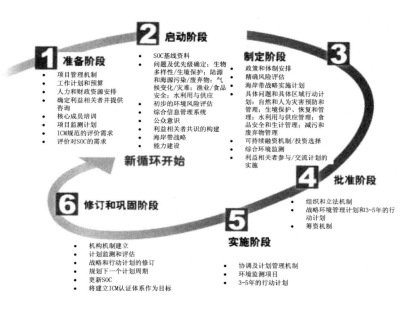

图 4.1 ICM 的发展和执行周期

周期为识别和确定应优先考虑的环境问题以及在规划、审批、实施和监测经济有效的政策和管理干预措施方面提供了系统的、程序化的和迭代的方法。

ICM 周期中的 6 个基础阶段包括：

1）准备阶段；

2）启动阶段；

3）发展阶段；

4）接受阶段；

5）实施阶段；

6）完善和巩固阶段。

这些阶段的实施过程是连续的、带有周期循环性的。

ICM 周期图列出了进入下一阶段前需要进行和完成的基本工作（例如海岸带分析、海岸带状况评估、进行风险评估时的 SOC 基线）。其中一些活动（例如，公众意识、能力建设、利益相关者协商和参与、监测与评估）跨越所有阶段，可能需要贯穿在整个过程中。

我们将在后面的成功案例中对这些阶段进行详细阐述，所以在这一模块中对每个阶段只进行简要的讨论。

阶段 1：准备阶段

准备阶段应建立一个机构内部、跨部门、多学科共同协作、整合并实现资源共享的项目管理机制。它还包括项目工作计划和预算的准备、人力、财力资源的安排、针对项目有效执行的核心人员的培训、建立一个项目监测和评估系统来监督和评估项目进展和成果等方面的工作。从初始阶段起以及在整个 ICM 过程中都要突出利益相关者参与的重要性。

海岸带状况报告（SOC）的编写有助于环境状况基线的设立，存在问题与相应管理措施的识别以及对完成各层面上可持续发展目标的进程进行监测和评价。一个自愿的 ICM 认证标准，作为 ICM 规范应用的成果可以促进监测评估体系的改善和应用，鼓励地方政府进一步加强他们的 ICM 计划。对 SOC 报告和 ICM 示范在特定地域应用的潜在需求的评估也是准备阶段的一部分。

阶段 2：启动阶段

在启动阶段，必须对有管理介入需求的环境问题和关注点进行识别和优先排序。在这一阶段，可以建立一个综合信息管理系统（IIMS）来存储相关技术和管理的数据、信息，方便检索，促进参与机构和部门间的信息共享。

海岸带战略的制定应该建立在与利益相关者磋商的基础上，在发展和管理他们共享的海岸带方面，为他们提供一个共同的远景目标和长期的行动框架。

在这一阶段，应进一步采取措施，加强对海岸带管理存在的问题和海岸带生态系统为人类提供的商品和服务的宣传，提高公众意识。

阶段 3：发展阶段

发展阶段有助于建立模块 3 中提及的各个主要组成的管理体系（即海岸带战略实施计划、政策和体制安排、信息和公众意识、财政机制和能力建设）。在 SDCA 框架下识别出可持续发展方面的一些主要问题。这些主要问题是在制订特定问题和特定区域的行动计划时被识别的。

阶段 4：接受阶段

这一阶段最重要的是地方政府当局采纳战略性的环境管理计划/海岸带战略/海岸带战略和实施计划/行动计划（SEMP/CS/CSIP），体制和法律安排以及保障 ICM 计划可持续实施的财政机制。

上述计划和安排可以保障下列事项的进行：

1）地方政府 ICM 计划纳入地方政府发展规划框架；

2）预算安排；

3）协调各方的努力；

4）为行动计划的执行对协调机制做出体制安排。

在接受阶段，公众参与也是很重要的。例如：在通过地方性法规条例的过程中，让公众通过咨询的方式参与事务。

阶段 5：实施阶段

这一阶段包括实施 SEMP/CSIP（战略环境管理计划/海岸带战略和行动实施计划），法律体制安排和为运行 ICM 计划而建立的财政机制。在此阶段，ICM 计划从项目制定阶段过渡到了项目实施阶段。在此阶段，可通过适当的立法程序将项目管理的安排整合到地方政府的体制结构中。例如，将行动计划整合到地方发展计划、协调机制的制度化建设中是至关重要的。

如果这些计划、安排和机制难以得到全面彻底的实施，则可将实施工作根据掌握的能力和资源情况分阶段进行。重要的是要能够开始实施，并测试其效果（尽可能大）。在 SEMP/CSIP 中选定的最初的实施工作应该集中于可以立即提供成果的活动。

ICM 周期是一个不断改进重复的过程，因此在项目实施过程中，对过程和完成情况进行评估、改进和完善方法是十分重要的。

阶段 6：完善和巩固阶段

海岸带战略、实施计划和运行机制（例如机构设置、财务机制、人力资源和管理能力）可在项目具体实施和利益相关者不断反馈的过程中日益改进和完善。ICM 的循环性特征使得 ICM 实践者在积累经验和获取专业技能的过程中，不断改进理论、方法和行动。

在初期（阶段 1）建立一个实用、高效的管理评估系统，将有助于 ICM 计划成果、产出和影响的评估进程和改善计划目标和活动。SOC 报告的更新、文件资料的归档过程和监测与评估系统有助于巩固项目成果。这些工作又将有助于监测评估系统和下一个程序周期的规划。

考虑到地理范围，严重的环境问题，管理问题的复杂性和地方政府的体制和财政能力，制订和实施 ICM 计划所需的时间可能会有所不同。在大多数情况下，可能需要几十年来实现所期待的结果。不过，对于制订并实施的第一次 ICM 计划周期，5 年为宜。如果有了一定的经验，项目时间可以减少到 3~5 年，最好能与地方政府的规划周期重合。一个 ICM 地区可能需要经过几个 ICM 周期来实现其最终目标或愿景。

根据先前的计划和经验建立的基础，从新行动计划开始制定和实施起，下一个计划周期就开始了。新的周期应在以下方面对 ICM 计划加以扩大：

1）扩大现有 ICM 计划的区域和/或在其他海岸带地区进行同样的 ICM 计划；

2）对所管辖问题职能的扩大，包括将海岸带管理和流域管理结合起来；

3）时间上的考虑，因为 ICM 需要集成到地方政府的日常规划和发展周期中去。

4. ICM 框架如何与地方政府已有的决策和管理标准框架融合

ICM 体现了一种框架，将已知决策和管理框架的核心要素联系起来（表 4.1）。ICM 框架内的综合政策和管理要素强调了使管理政策方向具体化的必要性，以便通过环境/生态可持续性实现可持续发展。

表 4.1　ICM 政策制定和管理框架的关键因素

政策制定框架	管理框架	ICM 核心阶段	活动
通过环境/生态的可持续性管理可持续发展			
• 启动	启动	准备	• 项目管理框架； • 工作计划和预算； • 人力和财政资源安排； • 利益相关者咨询； • 核心成员培训
• 需求和问题分析 • 方向设定 • 政策分析 • 政策制定	战略规划 海岸带剖面 海岸带战略	启动	• 海岸带剖面/海岸带状况报告基线； • 问题识别和优先级别排序； • 初始环境风险评估； • 利益相关者协商； • 公众宣传
		开展	• 数据收集； • 环境风险评估； • 海岸带战略/战略环境管理计划； • 特定问题/地区行动计划； • 机构安排； • 财政投入； • 环境监测； • 综合信息管理系统； • 利益相关者参与
• 政策批准 • 政策执行	执行机制 机构设置 法律框架 环境监测 可持续财政	批准	• 组织和法律机制； • 战略环境管理计划和行动计划； • 财政机制
		执行	• 协调和项目管理机制； • 环境监测计划； • 行动计划
政策监测与评估	监测与评估 ICM 指标 ICM 认证	监测评估	• 监测与评估； • SOC 报告
	管理回顾	完善与升华	• 机构设置； • 改进后的战略和行动计划； • 下一项目周期的计划

这些管理要素的有效执行将可以：

- 加强海岸带资源分配和管理的决策；
- 建立一个对海岸带资源保护和开发能进行权衡的系统；
- 加强对突发事件的准备；
- 促进信息传播、宣传、提高意识、鼓励利益相关者的参与；
- 建立一个监测与反馈系统。

ICM 过程能使海岸带管理者在从整体的角度去考虑本地区优先的，进而也是全球的环境问题，以便相应的政策和管理措施可以有效地执行。ICM 周期包括了主要规划、审批、实施和监测的过程，以保证政策和管理措施的长期性。

ICM 不是一次性的活动而是持续的政策和管理措施干预的过程，以解决未解决的和海岸带发展所产生的新问题。ICM 周期的有效运用可以使规划和管理的过程具有持续性，通过连续的周期来迎接新的挑战。随着新的优先环境问题的出现，ICM 让海岸带管理人员采用新的战略并制定新的行动计划。

东亚海 ICM 示范区在以下方面展示了 ICM 过程的有效性：

- 解决多用途冲突；
- 改善环境质量；
- 促进机构间的合作；
- 促进实现国际目标。

ICM 示范区，采用一个统一的框架来制定和实施 ICM 计划，按照规定的最佳实践方案来执行一个标准的计划和实施过程。

5. 确保 ICM 计划成功的关键因素是什么

1）共同愿景和策略

共同的愿景为不同的利益相关者开展海岸带管理工作提供了一个协同努力的平台。由利益相关者达成的共同愿景，不仅为他们提供了相同的目标，而且为他们协同行动提供了动力。同时，还能激发更多的行动参与到处理已发现的风险以及其他受关注的海岸带、分水岭和海洋地区存在的环境和社会问题中。

在共同目标的指导下，通过与利益相关者磋商而制定的海岸带战略，建立了伙伴关系，加强了行动计划的实施。这样能够能够促进参与者增强主人翁意识、提高对需求及行动计划目标的理解。

2）地方政府承诺

从项目的准备和启动阶段起，当地政府的承诺和充分参与对于 ICM 计划的制订和实施来说是非常重要的。东南亚部分国家（例如菲律宾、泰国和印度尼西亚）已将很多地方政府的环境和自然资源管理职能下放或分散。即使在中央机构负责环境和自然资源管理的情况下，地方官员的参与仍然至关重要，他们的支持和参与能够确保 ICM 计划的成功和可持续性。正是通过当地官员和其他利益相关者的参与，才使他们树立了开展 ICM 项目的主人翁意识和责任感。

3）体制安排

虽然项目已经确立下来，但一个失败的体制机制仍是 ICM 项目不能按计划顺利实施的主要原因之一。

ICM 计划必须具备以下的条件：

a. 一个合法的部门间的或多部门的协调管理机构。该机构用来监督 ICM 计划的开展和实施。如果由地方政府的主要官员和利益相关者组成该机构，则更为有效。

b. 一个运作和实施 ICM 计划的管理构架。该构架可促进机构间的协调。在某些情况下，ICM 计划可能会直接隶属于市长或地方长官、负责自然资源与环境的机构或者制定规划发展的机构。

c. 尽管已有了制度安排，但为确保 ICM 计划行之有效，它必须在环境和自然资源管理机构与其他政策、经济规划管理机构的密切协作下展开。

4）立法

为了促进 ICM 计划的实施，拥有一系列能够确保项目合法性、支持实施方案多样化以及提供多个机构共同参与基础的法律依据是非常必要的。

在地方政府层面，省、市通过制定法规或条令来支持建立项目协调委员会（PCC）和项目管理办公室（PMO）（随后使其体制化），并促进海岸带功能区划的实施、环境使用费的征收、污染预防和其他管理措施的落实。在职权范围内，政府机构应签发行政命令、指令等，推动促进海岸带地区可持续发展的国家和地方法律的执行。

ICM 引进了一个新的协作、整合和伙伴关系理念，优于传统的部门管理方法。法律文件的价值体现在有助于这种理念的引进和接纳。在 ICM 背景下，各产生冲突或重叠的政策、法律和法令应该协调一致。

5）充足的财政资金支持

ICM 计划的可持续实施依赖于地方财政的不断支持。财政资金缺乏不应作为拒绝实施 ICM 计划的借口。既然 ICM 能够在现有政府和规划过程的基础上形成一个综合、协调的框架，那么它就能够通过培养人才，提高人的能力，利用地方政府、机构和利益相关者提供的资金，实施项目。

当人们已经理解了实施方法，ICM 计划能否逐步实施，取决于资金的供给情况。此外，可以鼓励通过公私合营的方式从私人部门获得资金支持。

在项目启动的初期阶段就应考虑可持续的财政机制，以便有足够的时间对财政资源进行战略性分配。

6）公众意识

保持一个信息公开的公众环境是确保 ICM 计划成功实施的有效手段。信息公开可以确保利益相关者更加积极地参与，监督政府的政策实施和财政承诺，增强商业界的道德责任。在 ICM 计划中，公众教育必须是一项长期的、持续的活动。

7）地方能力

应优先考虑发展地方能力。在早期，应该培训当地的项目工作人员和政府官员学习如何规划和管理自己的海岸带资源，而不应过度依赖于国内外专家。应将能力发展融入到执行和实施 ICM 计划的整个过程。建立一支具备相应管理知识和技术技能的专业人才队伍，有助于 ICM 计划的制订、执行和推广。

8）ICM 地方带头人

意识到环境和可持续发展重要性的地方带头人，是推动 ICM 计划启动、发展和执行的重要同盟。这些带头人可能是政客、地区长官或市长、宗教团体领导、商界领袖、政府职能机构官员或社区领导者。应该努力保持他们对项目的兴趣，调动他们的积极性，支持倡导这一事业。

9）科学支撑

在整个 ICM 开发和实施周期中都需要科学的支持。应将科学建议结合到 ICM 计划的主要部分中。这可以通过将研究机构和专家纳入到 ICM 的活动、提高本地科研机构科研能力，保证科技支持来实现。真正的挑战是让决策者重视和使用这些技术信息。决策者在 ICM 规划阶段的持续参与，有助于他们加深对科学支撑重要性的理解，从而更科学的完善环境决策和管理方案。

6. ICM 计划制定和实施的潜在障碍是什么

缺少上述的任何关键成功因素都可能限制一个 ICM 计划的成功和效果。此外，其他因素如政治因素、部门与个人的利益，也会影响 ICM 计划的进展。

政治干扰　执政党和反对党之间的争斗、地方领导的更替、政治权力和政治领袖个人利益的改变都会影响到项目的选址、立法、体制改革、财政支持，甚至现有 ICM 计划的继续。ICM 实践者应关注他们所处的政治氛围，充分利用政治机遇，调动一切积极因素，创造一个良好的政治环境，努力将 ICM 计划向前推进。

来自相关机构的阻力　相关机构由于担心失去其传统的法律权利、职能、人力和财力资源，可能会对 ICM 的理念与实践产生抵触，甚至怀疑外来势力侵入其管辖范围。ICM 实践者应促进各部门作用的协调和整合。一个稳固权威的协调机制，例如市长或地方长官办公室，有利于促进各机构间的合作。这是因为它可以在实现正常职能的同时，进行跨机构的活动，如功能区划的实施、立法程序、听证会，社区动员等。也可选择一个相对中性的机构，如经济规划与发展部门或是环境部门，来领导 ICM 的实施进程。

来自科学家的阻力　很多科学家没有环境和自然资源综合管理的实践经验。如果让科学家们来制订计划，他们将把项目变成一个研究或调查的项目。许多科学家也不认为自己有做管理的能力。然而，他们的参与在为管理提供科学依据方面至关重要。在为管理问题提供科学的答案方面，他们的参与也非常重要。科学家们还应学习如何跟决策者、环境管理人员和其他利益相关者进行互动与沟通。

来自企业的阻力　一些污染企业由于担心会受到严格的环境控制而抵制 ICM。这可能造成他们的搬迁或导致更高的废物处理成本。这些阻力应该在项目启动阶段就预先考虑到。

ICM 计划对大多数发展中国家来说是相对较新的理念，因此，没有多少人明白 ICM 的概念、功能与运作细节。毋庸置疑，项目的阻力是意料之中的。因此，在最初的选址评估中对阻力和干扰地区的鉴别是非常重要的，以便在 ICM 方案制定过程中确定应对战略。

7. 海岸带管理者在 ICM 计划制定和实施过程中的重要作用是什么

处理社会经济与政治因素、机构体制等各方面的事项，协调和整合人力、技术和财政资源、运行 ICM 计划都依赖于 ICM 管理者。

ICM 管理者的作用与交响乐团的指挥非常类似。指挥对各种乐器的知识、吹奏技巧和舞台的经验决定了交响乐最终的质量。

同样，一个好的海岸带管理者应该以基本的可持续发展原则和以在 ICM 周期不同阶段使用的 ICM 工具和途径的知识和经验为指导。

一个 ICM 计划执行的质量，不仅取决于团队的能力，很大程度上还取决于管理者个人的风格和"直觉"。ICM 计划的发展周期为海岸带管理者提供了一个易于理解的过程，以便将 ICM 应用到指挥项目的过程中。

小　结

ICM 计划在某一地区的实施可由外部或内部的因素触发，如出资者的支持、全球的承诺、环境问题或政策管理措施。启动 ICM 计划之前，应对地区现状加以评估，以确定当地实施 ICM 计划的可适性和地方政府为 ICM 计划投入人力和财力资源的意愿。

ICM 周期通过 6 个阶段的循环过程，为 ICM 计划的实施提供了的步进式指南。在项目实施过程中有许多动态的联系活动，旨在加强协调、整合和优化多个不同项目。ICM 实施周期的主要成果包括通过环境或是生态可持续性，建立实现可持续发展的关键管理要素。每次周期的反复都能够加强和巩固 ICM 计划的实施。

ICM 计划开展和实施的成功与否取决于地方政府的承诺、共同的愿景、战略、体制安排、地方资源的配置、公众意识和公众参与、地方能力建设、技术专家的参与和对 ICM 带头人一贯的支持。在起初的地点评估阶段，应确定对 ICM 项目启动的潜在约束，在制定项目策略和工作计划时考虑到这些因素。ICM 计划需要一个具有丰富知识和能力的管理者，他能够有效协调 ICM 计划、整合各种行动，促进 ICM 计划有条不紊的进行。

评　估

学员了解并能够讨论 ICM 周期的各个阶段和应用，以及影响 ICM 项目成败的因素。

模块 5　ICM 项目准备阶段

简　介

　　本模块将讨论 ICM 项目准备阶段的基本事项。它重点强调了对项目管理机制的需求，政府和私营部门的参与，项目规划阶段利益相关者的意见统一与参与、资源配置和能力建设以及贯穿 ICM 周期的监测和评估系统的重要性。本模块同时强调了项目人事方面的准备以及将要从事项目活动的关键利益相关者的重要性。

　　学时：2 小时。

学习材料

　　材料 5.1　甲米地（Cavite）省 ICM 项目工作计划；

　　材料 5.2　巴丹省 ICM 项目工作计划。

目　标

　　在本模块学习结束时，学员能够：

　　（1）列出 ICM 周期准备阶段的主要活动和成果；

　　（2）讨论 ICM 计划执行过程中项目管理机制的结构和重要性；

　　（3）说明确定 ICM 项目地理范围的过程和考虑因素；

　　（4）讨论信息－教育－交流（IEC）活动/项目和利益相关者参与 ICM 项目实施和执行的重要性；

　　（5）说明编制项目和预算的过程，以及通过有关当局审批的过程；

　　（6）列举一些可以为当地工作人员和海岸带管理者举办的培训或能力建设项目；

　　（7）讨论监测和评估的重要性及过程，记录进展及经验，以便完善和推广 ICM 项目。

回　顾

模块 4 对 ICM 周期的各个阶段和活动进行了概述，这一模块将详细讨论 ICM 周期的第一阶段，即准备阶段。

讨　论

讨论将涵盖准备阶段的主要成果和任务，包括：

（1）建立 ICM 项目协调机制，包含：

a. ICM 项目管理办公室；

b. 部门间协调机制；

c. 技术咨询组。

（2）起草并通过项目工作计划和财务预算，包含：

a. 划定 ICM 管理边界；

b. 制定工作计划和预算，人事安排及资金来源；

c. 有关当局的批准。

（3）鼓励利益相关者的参与；

（4）核心成员的培训；

（5）ICM 项目绩效监测评估系统的建立。

ICM 周期准备阶段的任务和预期成果是什么

这一阶段将设置以下任务：

（1）建立项目管理机制；

（2）制定工作计划和预算，包括人事安排和资金来源；

（3）确认利益相关者，开展初步咨询活动；

（4）核心项目工作人员的培训；

（5）建立项目监测和评价系统/计划。

1. 建立项目管理机制的理由是什么

ICM 一个很大的挑战是促使各个从事海岸带和海洋管理的机关、

机构及部门的责任、行动、利益保持协调。这是一项非常困难的工作，因为不同政府机构所面对的指导文件、规则规范与议事日程往往是不同的，有时甚至是冲突的（例如，环境和资源的保护职责与开发利用职责）。例如，与环境、渔业、林业、旅游业、规划、开采和贸易有关的许多机构都会涉及海岸带管理的多项内容。

由于缺乏一个独立的法人机构来实施 ICM 项目，为实现多个机构对海岸带及海洋的协作管理，ICM 计划的制订需要建立在能够促进多部门职能协作与整合的管理模式上。

项目管理机制包括选择并确立一个重要的政府机构作为 ICM 的项目管理机构，这样可以协调并促进 ICM 计划的制订和实施，创造一个高整合度，多部门协作的机制。在建立项目管理机制的过程中，可以确立主要项目负责人、明确 ICM 计划与其他政府机构及部门的工作关系。

ICM 计划的协调机制

建立一个 ICM 计划的部门间和多部门的协调机制需要包括以下行动：

　　a. 设立项目管理办公室（PMO）；

　　b. 确立参与项目的工作人员；

　　c. 建立多部门和跨部门项目协调委员会（PCC）；

　　d. 制定项目工作计划和预算；

　　e. 成立一个技术（咨询）工作组；

　　f. 明确与地方政府的工作关系。

ICM 是海岸带管理的工具，而制定和执行政策并进行管理是政府的责任。因此，ICM 计划必须在政府的管辖框架内运行，否则会造成困难，特别是在执行或维持计划/项目时。

在东亚海 ICM 示范点中，ICM 项目由省/市/州政府制定和实施。在菲律宾巴丹，甲米地和八打雁省，由地方政府连同环境和自然资源部、私营企业，共同参与 ICM 项目的制定和实施。在朝鲜的南浦，ICM 的制定和实施是直接在人民委员会监督和参与下进行的，委员会由相关机构负责人和人民代表组成。

ICM 计划管理办公室（PMO）

为了 ICM 计划的运行，可将 PMO 设立在地方政府的某个部门里，或者设立在负责自然资源和环境的机构或者规划发展机构的内部。通常，指定的部门为 PMO 提供必要的工作人员，但在某些情况下，PMO 由从多个机构借调的工作人员组成。例如：

● 印度尼西亚巴厘岛的 ICM 项目，在头两年的项目制定和实施阶段，一名雅加达环境部的工作人员被派到巴厘岛支持 PMO［省级环境影响管理机构或巴厘省环境影响管理局（BAPEDALDA）］，直到确定地方的能力和信心能够保证项目的执行为止。

● 泰国春武里的 ICM 项目，最初由 5 个地方政府组成，后来扩大到 26 个，其中一个市（斯里拉查）被指定作为 PMO 所在地。在省、地方政府和相关机构的支持下，这个市为 PMO 提供核心工作人员。

如前面课程中提到的，ICM 管理者或 ICM 项目的负责人应具备必要的知识、技能和领导能力来协调 ICM 项目的实施，整合项目中的各项活动。

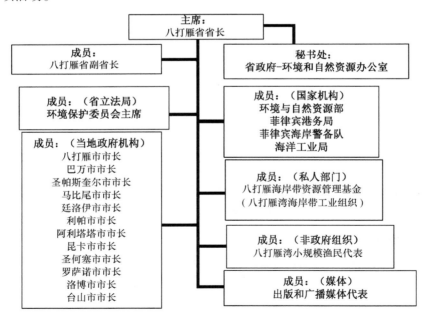

图 5.1　八打雁湾地区环境保护委员会

在越南岘港，ICM 项目主任是岘港市环境与自然资源局局长。在印度尼西亚巴厘岛，ICM 项目主任是巴厘岛省 BAPEDALDA 的领导。中国的厦门，PMO 主任是厦门市人民政府海洋与渔业局副局长。

在春武里，每两年从参与地区的市长中推选出 ICM 的主任。这种安排是考虑到参与春武里 ICM 项目的地方行政单位数量的庞大，他们在其管辖范围内参与管理海岸带地区的兴趣浓厚，而且容易调动起地方行政部门人员对 ICM 项目的支持。省政府通过副省长办公室和省自然资源与环境办公室在省级层面促进了部门间和跨部门的合作。

在准备阶段，ICM 项目主任和工作人员已接受了关于 ICM 概念、原则、框架和进程以及对项目制定和管理的培训，让他们对具有挑战性的任务做好准备，促进 ICM 计划在他们所在地区的制定和实施。

ICM 计划批准后立即设立 PMO，以便：（1）规划和审批过程；（2）召开利益相关者咨询会议和研讨会；（3）编制项目框架/工作计划。如果无法立即设置 PMO，可以将已确定的关键项目参与方的代表组成一个规划小组，促进利益相关者咨询和规划过程。PMO 可以在此初始规划团队基础上设立。

部门间和跨部门协调委员会

由于 ICM 计划需要处理的问题涉及面广泛，需要各政府机构和利益相关者的参与，并采取相应行动处理这些问题。为了减少并协调职能重叠、整合相关机构和组织的行动，可成立一个机构间和跨部门协调委员会（即项目协调委员会 PCC）。

由于项目协调委员会（PCC）所要发挥的是领导作用，理想情况下，它应由参与地政府的领导或副手，机构和利益相关者组成，并由市长/地方长官或他/她的副手担任主席。

从市长或地方长官那里下达的行政条例或行政命令有效的为 PMO 与 PCC 的运营提供了合法性。

PMO 与 PCC 以后可能转变为一个更为长期的机制，以确保 ICM 实施的可持续性，如岘港 PCC 转变成可持续发展委员会/理事会。

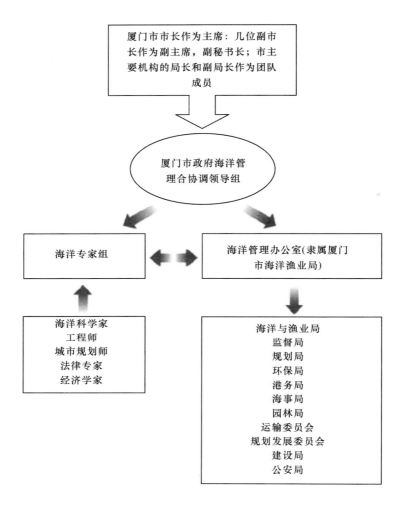

图 5.2　厦门市 ICM 综合管理协调机制

　　图 5.1 和图 5.2 展示了八打雁湾地区和厦门 ICM 项目协调和管理机制。

科学/技术咨询小组

　　决策者需要科学的信息，来帮助他们作出明智的政策和管理方面的决定。因此在整个 ICM 开展和实施周期中都需要科学的支持。因此，科学的建议应该是 ICM 计划的一个重要部分。为获得所需的科学支持和信息，应该让研究机构和高校参与到 ICM 活动中来。以下是

70

ICM 科学支撑小组的示例:

● 在中国厦门,海洋专家组(MEG)是 ICM 体制安排的一部分,用来确保向地方政府提供多种学科的专业知识,并被接受。

● 在越南岘港,来自地方和国家研究机构以及高校的代表组成了技术工作组(TWG),负责为 PCC 提供科学咨询和支撑。该小组也负责审核项目的成果,确保项目报告的科学性和技术质量。组建了独立的工作团队负责具体的技术工作,如建立综合信息管理系统、进行环境风险评估等。

2. 制定 ICM 项目工作计划和预算时的考虑事项是什么

设置了 ICM 项目的协调机制后,下一步是为项目划定管理边界、编制工作计划和预算、筹集项目资金、安排行政资源。

ICM 项目的合理的地理区划和边界是什么

要准备一个 ICM 项目工作计划,首先就 ICM 项目的管理边界问题达成统一意见并确定下来是十分重要的。理想情况下,边界覆盖的区域,应能够使该区内所有主要的海岸带问题得到解决。

图 5.3 所示的春武里 ICM 项目管理边界,开始时涉及 5 个市,在项目框架和良好效果的示范下,现在 ICM 项目已经推广到了 24 个地方行政单位,覆盖了全省的海岸线。

一个 ICM 项目的理想管理边界应包括整个流域,即河流流域、河口和海岸带。不过,在实际操作上,为 ICM 项目选择一块更小的区域更加明智,通常在沿海城市或省的行政边界内。这些行政边界成为在这范围内建立的 ICM 项目的实施边界。随着经验和知识的积累,ICM 的实践可在以后得到延伸和推广。对于行政边界大的省份,ICM 可以先在一个特定的试点区域启动(例如一个或几个市),然后应用试点地区的方法和最佳实践,逐步扩大到其他地区。

在泰国春武里省,ICM 启动时有 5 个城市,覆盖了全省 157 千米海岸线中的 28 千米和全省 4 363 平方千米面积中的 129 平方千米。陆地边界包括 4 个市的陆地行政边界,海上边界包括 4 个市所有相

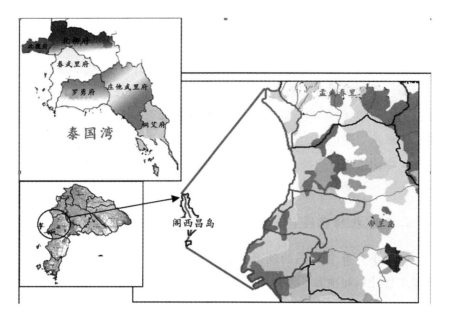

图 5.3　春武里 ICM 项目管理边界

邻的海岸线水域并延伸到（图 5.3）约 15 千米处。在第一个 ICM 周期的末期，ICM 计划已经包括了 24 个地方政府，覆盖全省的所有海岸线。

在印度尼西亚巴厘岛省，ICM 项目最初只在东南部的 5 个海岸带地区和 1 个沿海市（图 5.4）实施。在第一个 ICM 周期的末期，另外 3 个海岸带行政区已经开始实施 ICM。从第二个 ICM 周期开始，唯一的一个内陆行政区也加入 ICM 实施后，ICM 就覆盖了整个巴厘岛省。

如图 5.4，巴厘岛省的 ICM 项目管理边界包括 4 个行政区和岛东南沿海的一个城市。在 4 个北方行政区的参与下，现在 ICM 项目已经覆盖整个巴厘岛。

厦门 ICM 项目管理边界最初也是只限于厦门市的行政管辖边界。该项目最初的目标是解决厦门市的工业化和快速扩张带来的越来越多的资源利用矛盾和海洋污染问题。对厦门和邻近城市集水区的跨边界问题的认识，为项目提供了扩展功能的机会。此扩展是通过九龙江河

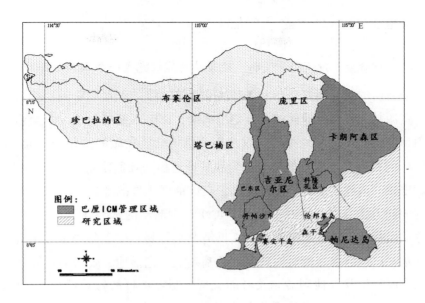

图 5.4　巴厘 ICM 项目管理边界

口管理框架作为第二个 ICM 周期的一部分来实现。

在八打雁省，ICM 项目最初的示范区在八打雁湾。八打雁湾是该省的 3 个主要海湾之一，项目覆盖了海湾的陆地和海上边界，便于进行规划。当项目能够更好地处理较大的管理范围时，项目边界将扩展到整个汇水区域。在第二个 ICM 周期内，在八打雁湾示范的 ICM 模式将被复制到了巴拉央湾、塔亚巴斯湾和整个八打雁省。

项目边界得到所有参与地方政府、相关机构和利益相关者的同意十分重要。为了 ICM 项目的实施与发展，项目边界应通过正式协议（例如，协议备忘录 MOA）确定下来。

ICM 工作计划的主要元素包括什么

工作计划应列出 ICM 项目发展和执行的关键步骤和过程、实施时间表、领导和辅助实施者，以及所需的人力和财力资源。工作计划的准备应征询所有利益相关者的意见。如有必要，应将其附在一个正式的协议内，适当地反映出各参与机构/组织的参与和对 ICM 项目的承诺。最终的项目工作计划和预算应该经过 PCC 和利益相关者的批准。

需要多少资金？没有外部支持，地方政府能够完成一个 ICM 计划吗

所需的财政预算是一个具有挑战性的问题，认为 ICM 需要相当多的资源是一种常见的误解。人们应明确，ICM 不是要引进一个全新的项目，也并不是与地方政府以及相关机构已经在做的工作毫不相干。ICM 的目的是在现有的政府规划和管理进程基础上建立一个综合的协调框架。因此，不需要拥有超出正在该地区运作的地方政府和有关机构的能力就可以开展 ICM 计划，ICM 计划活动的水平（数量）、全面性、质量和时机可根据资源的提供情况来规划。应十分清楚可用资金的水平，然后在经费能得到保证的基础上，包括地方政府的资源和关联下属机构及其他利益相关者的支持，制定项目的行动计划。因此，与相关机构保持联系并取得他们的支持，明确他们各自的活动计划、权利及任务之间的关系是十分重要的。这将使他们明白，参与 ICM 项目并不意味着会相应减少参与机构的财政预算，而是将被提议的 ICM 活动整合到自己的计划和预算中。

谁将负责实施 ICM 工作计划中确定的活动

假如资金已确定并获得批准，另一个需要考虑的重要因素是工作人员规划、实施和管理 ICM 项目的能力。PMO 需要选定适当的个人、机构或任务团队，并做好安排（如分包合同、跨部门的工作组或其他方式）促使一切行动能够按计划进行，通过这些行动能够体现出每个具体任务带头的及参与机构/办公室。PMO 的主要作用是协调项目的实施，对项目活动的实施绩效、投入和产出以及影响进行监测。

如何确保政治承诺？如何推进 ICM 计划

必须强调的是许多政府官员和利益相关者中，只有在他们意识到项目的潜在的经济效益和社会效益时才会向 ICM 项目拨款。地方政府可以通过举办更多的活动为 ICM 项目筹集资金，这些活动不仅仅是提高公众意识的竞赛，还可以包括促使群众成为 ICM 主要参与者的活动

（例如为制定海岸带战略举行的公众咨询会、研讨会和考察活动）。

PMO 还需要开展信息宣传活动，向利益相关者和公众介绍并推广 ICM 项目，以获得他们的支持和参与。有关的宣传活动应侧重于提高 ICM 项目和工作计划的认可程度，扩大群众对活动实施的支持。

地方的 ICM 应该在有关中央机构的文件的指导和支持下进行。这是因为很多政策和管理决定必须符合现行的国家政策、法规。要确保与各相关机构密切联系并获得他们的坚定支持，在整个 ICM 实施过程中都应使他们参与研讨会和各种活动。

谁来审批 ICM 项目的工作计划和成果

由于规划中的 ICM 将会在地方实施，获得当地政府部门的批准是首要目标。此外，由于 ICM 项目的一些活动需要由协调办公室协调，一些活动的最佳实施者是有关机构或指定的专门机构或其他利益相关者，因此，ICM 项目得到有关机构和利益相关者的认可也是非常重要的。这些机构需要将规划的活动或行动计划纳入自己的财政计划和预算。政府对 ICM 计划的批准将有助于在不需要额外预算匹配的情况下相关机构预算的批准。

因此，从 ICM 项目开始制定起，地方政府当局有关机构和利益相关者的参与是非常必要的。

将项目协调委员会（PCC）直接置于市长或省长领导下，目的不仅是为了确保地方政府的协调作用，也是为了促进 ICM 项目工作计划和预算，以及项目成果的审批。因此，PCC 是海岸带管理者用来帮助他/她获得政府批准和预算拨款的最重要的机制。

因此，在审批过程中的关键人员应该是 PCC 主席和项目管理办公室主任，他们应有能力策划行动过程，促使项目工作计划快速得到采纳，项目预算得到审批。如果项目启动时间太长，地方领导人对 ICM 计划的兴趣和参与可能会减弱。在如有可能，金融机构也应该知情和参与。

3. 怎样才能促进利益相关者的参与

利益相关者参与是海岸带管理的关键。虽然公共部门是海岸带管理的主要参与者/利益相关者，在 ICM 项目从制定到实际执行的过程中，也应该让其他利益相关者参与和咨询。

在 ICM 项目的准备阶段，与利益相关者协商的重点是：

a. 促进 ICM 概念和计划的接受，尽量减少阻力、对项目执行方式达成共识；

b. 对 ICM 项目建立责任感、归属感和承诺。必须使利益相关者理解 ICM 的概念、方法、框架和进程，以及 ICM 能带来的生态的、社会的和经济方面的效益。

国家和地方工作人员在制定和完善 ICM 工作计划和在做出任何明确项目实施责任的正式安排时，都必须考虑利益相关者的意见。

举办由利益相关者团体代表参加的初期研讨会是启动 ICM 项目有效的方法。它提供了一个平台，以便：

1）从利益相关者那里收集关于项目管理边界的意见和反馈；

2）讨论待解决的问题；

3）制订将采取的策略；

4）评估解决已知问题的方式和方法；

5）确定制定和实施项目的关键途径和活动。

同样，初期研讨会将增强利益相关者对项目的兴趣和潜在贡献。

在咨询研讨会上，利益相关者提出的主要问题经常是"ICM 方法是否适合所在地区？"以及"如何应用这些方法解决当地问题？"。

可能需要为特定的利益相关者举行更具侧重性的研讨会，来更详细地讨论他们对项目的参与和承诺。研讨会的讨论为项目框架特别是工作计划和预算的制定奠定基础。

4. 制订和实施 ICM 项目所需的核心能力是什么？谁应该接受培训

能力建设必须给予优先的关注，因为 ICM 项目的成败主要取决于当地的能力以及执行者管理和实施 ICM 计划的技能专业程度。

在准备阶段，就应该让地方参与官员和工作人员具备足够的知识和技能，尤其是 ICM 概念、原则、框架和过程、项目设计、运作和管理方面的能力。可以采用各种策略，包括考察成功的 ICM 示范点、与其他实施 ICM 地区互动交流，短期培训和实习/奖学金等。当然，只有通过实际的应用和现场的运作，才能最终获得对项目的理解和实施技能。

同时应对其他利益相关者进行培训，促使他们更好的完成分内工作。其他利益相关者的参与能力对 ICM 计划来说具有非常重要的意义，因此，应定时向他们汇报项目的进展情况，为他们提供丰富的教育和参与机会，以此加强他们的参与能力。

为了明确能力建设工作的重点和方向，首先应该对地方执行项目工作计划的实际能力进行评估。为了填补在评估中已查明的差距，应该制定一份计划，以明确潜在能力建设需求、培训人员/目标、提高能力的机会和对资源需求。

5. 怎样衡量 ICM 项目的绩效

监测和评估（M & E）是 ICM 项目不可或缺的组成部分。它提供了一种评估项目进展和效能的手段，并对因社会、政治、经济环境及自然环境改变导致的达不到预期效果的活动进行修正。

对项目进行精心策划与落实，并实施监测评估的益处有：

a. 帮助管理者优化资源利用；

b. 合理安排项目活动；

c. 提高项目质量、扩大项目成效的影响；

d. 促进知识传播和 ICM 示范案例在其他海岸带地区的推广。

它还能增强项目执行者和利益相关者的责任感。

M & E 工作包括：制定监测与评估计划、确定性能指标、划定基准条件、应用 M & E 日程表，参照 M & E 结果优化项目。

谁来负责 M & E？它可交付的成果是什么？制定监测与评估计划的考虑因素有哪些

在准备阶段，由项目的管理团队来确定 M & E 的职责和组织安排，并在必要时予以加强。在清楚了解 ICM 项目战略、目标、过程、预期成绩和成效后，M & E 需要回答的问题得以明确，绩效指标也得以制定。接下来应制定一个工作进度表，包括监测、评估和书写报告的要求。

M & E 进度表的编制需要与所需的技术、项目及地方政府和其他利益相关者/合作伙伴的管理审查保持一致。进度表的内容应包含针对项目目标、工作计划和预算进展情况所做的定期监测评估（例如，每月或每季度），以及对实施策略、实施方法和工作成效的阶段性评估（例如年度、中期、终期）。

表 5.1　PEMSEA 海岸带综合管理示范区 ICM 绩效指标示例

ICM 内容	指标分类	指标
ICM 问题的识别	状态指标	海岸带状况报告（海岸带剖面） • 海岸带区域的范围和物理特性； • 人口规模、分布、受教育水平和密度； • 拥有供水、供电和卫生服务人口的百分比； • 贫困指数（如果可行）； • 生态系统健康：主要生态系统/生境的风险指数； • 城市化水平/分类； • 土地使用模式：用于农业、水产、森林覆盖，人类住区、工业等土地的百分比； • 关键经济活动对经济增长的贡献百分比； • 生物多样性：海岸带和海洋物种名录； • 自然资源开采的程度； • 主要污染物的类型和级别； • 为公共卫生和渔业养殖所用的水资源情况； • 国家资源与环境治理：制度安排、立法、法律和机构间的冲突； • 机构清单或地方一级的综合规划和管理的能力； • 现有的解决多种利用冲突的机制； • 环保资金投资的水平和类型
	压力指标	• 污染物增加的类型和级别； • 水质恶化，栖息地退化与资源开发的比率； • 海岸带生境性质、级别和被保护的比例； • 重要污染区的扩大情况； • 水环境质量和生态系统的环境风险系数； • 可能影响环境质量的开发项目的类型、性质和潜在数量。

ICM 内容	指标分类	指标
ICM 项目规划	过程指标	• 开展地区剖面分析； • 问题识别和优先等级划分； • 确定管理边界； • 制定规划； • 利益相关者协商； • 数据分析； • 树立公众意识； • 制订交流计划； • 进行环境风险评估； • 制定战略管理计划； • 制定特定区域/问题计划； • 体制安排计划； • 法律安排计划； • 项目实施的财政安排； • 制定环境监测计划； • 信息管理系统的建立和运行； • 核心小组成员和利益相关者的培训； • 制定项目监测、评价和报告编写条例
ICM 项目实施	响应指标	• 地方机构间、多部门协调机制的运转； • 实施海岸带战略/战略性的环境管理计划； • 实施特定地区/问题行动计划； • 运行海域功能区划； • 动员民间组织参与规划和管理； • 向利益相关者和公众公示项目实施情况； • 实施综合环境监测计划； • 所需立法和行政命令的通过和实施； • 执行 ICM 项目监测、评估和报告编写条例； • 综合的信息管理系统的运行； • 制定减压目标，采取措施
ICM 项目的可持续性	可持续性指标	• 发生在利益相关者之间的观念和行为的变化； • ICM 纳入地方/国家培训和教育系统； • 支持 ICM 项目的可持续财政系统开始运作； • 支持 ICM 纳入国家或地方的政策； • ICM 项目集成到地方政府发展计划； • 建立知识传承、共享和传播的机制

ICM 内容	指标分类	指标
ICM 项目的影响	影响指标	环境影响 • 环境质量改善的可视指标（水、沉积物、生物种群、空气质量）； • 营养盐减少百分比； • 退化生境恢复百分比； • 通过管理恢复的区域或海岸线长度； • 生态系统保护地区的面积； • 减少对生态系统和公共卫生的风险 经济影响 • 家庭平均收入的增长； • 就业机会的增加； • 贫困减少； • 降低污染造成的损失； • 环境治理的投资提高； • 增加对清洁生产技术的投资 社会影响 • 减少多方利用冲突的影响； • 通过解决水源性疾病环境退化减少措施而减少了公共卫生的风险； • 减少了由毒素/污染物的水产品中毒事件； • 良好的公众知情系统； • 高度的环境意识； • 管理透明度的增加

在启动阶段，参照既定的绩效指标与指示结构，对项目区的基线状态或"海岸带状况"（SOC）做出评定。这将作为对比未来变化的基础，这些对比参数包括项目区的社会、经济、环境、法律、政策、规定及机制情况等各方面的情况和任何在信息库和安排中的差距。

在项目准备阶段，就应该对编写海岸带状况报告所需求的各项条件进行评估。包括人力和技术资源（即人力和数据/信息）、资金来源、对启动及继续 SOC 报告的政治承诺等。

ICM 监测评估指标的重要性是什么

对项目绩效进行定期评估和项目监测时，应将计划安排贯穿于整个 ICM 周期。在完善和巩固阶段，监测与评估的结果，包括更新的 SOC 报告，将用来评价 ICM 在实现项目目标方面的成就和改进项目实施的方法与战略。监测评估系统的相关性和有效性也同样需要进行评估。

对项目绩效进行定期评估和监测时，应将计划安排贯穿于整个 ICM 周期。在完善和巩固阶段，监测与评估的结果，包括更新的 SOC 报告，将用来评价 ICM 在实现项目目标方面的成就，改进项目实施的方法与策略。监测评估系统的相关性和有效性也同样需要进行评估。

绩效指标

绩效指标的建立，有利于对 ICM 计划进展进行有效的监测和评估。由于 ICM 通常不会在短期内对环境、社会和经济产生明显的、积极的影响，为了衡量项目的成效和成果，制订一套绩效指标是非常重要的。绩效指标的考核内容有：

- 海岸带规划和综合管理过程（过程指标）；
- 海岸带地区在 ICM 执行之前、期间和之后的生态和社会经济状况（状态指标）；
- 影响环境状态和自然资源使用的力量（压力指标）；
- 政策和管理的干预措施（响应指标）；
- 确保努力持续性的体制和财政机制（可持续指标）；
- ICM 干预引起的生态和社会经济变化（影响指标）

ICM 指标的发展应考虑到《联合国 21 世纪千年发展目标》和《可持续发展首脑会议执行计划》的各项指标和发展议程。ICM 的关键绩效指标如表 5 所示。ICM 绩效指标的应用应该具有区域特异性并适应当地的情况。

小　结

在 ICM 项目的准备阶段：

1）通过在 ICM 项目中为各方安排与现有职能类似的任务，并通过一个综合的、多学科跨部门的项目管理机制对这些任务加以协调，将各级政府（国家、省/州、本地）和利益相关者纳入进来是十分重要的；

2）ICM 工作计划不仅囊括了 ICM 项目的活动和计划，还通过利益相关者充分协商，指定了人力和财政资源合作者的职责；

3）ICM 计划的成功与否取决于当地支持其发展和实施的可用资源。除了本地已分配的资源，政府也应开展与私营机构的合作或其他新的融资计划；

4）成功实施 ICM 项目需要全面的技术和管理能力。提高当地海岸带管理能力，尤其在 ICM 中对机构能力进行升级，至关重要。本地学术和研究机构也起着关键的作用；

5）M & E 是 ICM 项目的主要组成部分，应贯穿整个规划和管理的过程。在建立监测评估系统中应考虑到 SOC 的需求。

"好的开始是成功的一半"，这句话很好地阐释了准备阶段对于 ICM 计划开展及实施周期的重要性。

评　估

学员应能够对 ICM 计划准备阶段的主要活动和考虑事项加以讨论，特别是在建立项目协调机制、利益相关者协商、参与能力建设和项目监测与评价方面。

他们也应该能够论述在他们的地区如何开展这些活动，并描述相关的挑战和机遇。

学员应能够识别出哪些编制特点、步骤和活动使厦门和八打雁省的 ICM 计划得以有效进行。

模块 6　ICM 项目的启动

简　介

　　本模块概要介绍了现有的技术工具，地方政府可以利用它们来进行系统加强、管理、分析、说明工作，并使用有关的海岸带和环境管理优先等级划分方法、战略和相应的行动。此外还介绍了在应用这些工具时所需具有的信息和数据以及专业技术知识。

　　学时：1 小时。

学习材料

　　讲义 6.1　海岸带状况报告样板；

　　讲义 6.2　八打雁海岸带状况报告；

　　讲义 6.3　"海岸带和海洋环境综合信息管理系统"建设指南。

　　PEMSEA 出版物：《PEMSEA ICM 示范点的海岸带战略》、《环境风险评估：热带生态系统实用指南》、已出版的 PEMSEA 示范点风险评估报告。

目　标

　　在本模块学习结束时，学员能够：

　　● 讨论 ICM 周期中此阶段的成果和任务；

　　● 讨论确定优先问题，以及确定解决此类问题的战略和行动的重要性；同时确定可以应用的行动和工具；

　　● 讨论在启动阶段开展的公众意识活动及如何系统的实施这些活动；

　　● 明确识别优先次序、实施相关活动的步骤及要求。

回　顾

上一模块讨论了 ICM 周期的准备阶段。在本阶段中要依据部门间、跨部门和多学科的协调、整合和资源共享原则，建立一个项目管理机制。它还涉及编制项目的工作计划和预算、安排人力和资金来源、培训 ICM 核心工作人员和建立一个项目监测评估系统。同时，它强调了利益相关者在整个 ICM 周期中进行参与的重要性。

讨　论

本模块主要讲述 ICM 周期的第二阶段——启动阶段。讨论内容为：

（1）介绍 ICM 周期中本阶段的任务和成果；

（2）在 ICM 项目开展初期识别和确定问题优先性的重要性；

（3）描述可用于促进科学系统的识别和确定优先次序问题的各种工具，如：

a. 海岸带基线状况报告；

b. 海洋和海岸带环境综合信息管理系统；

c. 环境风险评估；

d. 海岸带战略。

（4）启动阶段利益相关者的教育和参与的重要性。

1. ICM 周期中启动阶段的任务和成果是什么

在启动阶段，就必须确定环境问题和需要介入管理的关注问题，并划分出这些问题的优先顺序，制定必要的政策，建立网络和技术工具。这一阶段为项目参与者确立了共同的方向，为下一阶段的进行铺平道路，并通过利益相关者的参与达成共识。

主要的任务如下所示：

1）识别环境和管理问题

收集一个地区的社会经济、文化、政治、宗教和生态特性的信息，为 ICM 项目提供基线信息。这类信息对确定政策的类型、层面和管理干预的内容十分重要。基线信息最好通过向利益相关者咨询来获取。海岸带状况（SOC）报告系统这样的工具，有助识别各种环境和管理问题，并能对这些问题进行系统化归纳和优先次序划分。

2）确定环境和管理问题的优先次序

在识别那些需要给予立即关注的问题时，一定需要对环境和管理问题的优先级别进行排序。利用二次信息收集进行的环境风险评估（或初始风险评估）可以用解决这一问题。

3）建立信息管理系统

在这一阶段，可以建立一个综合的信息管理系统（IIMS）用来存储有关的技术和管理数据以及资料，提高检索的便利性，促进参与机构对信息的共享。

4）利益相关者参与和提高公众意识

必须努力加强利益相关者的参与和咨询工作，并提高公众在确定的海岸带管理优先问题和产自海岸生态系统的物品和服务的认识。需要制订一个交流计划来为公众宣传和利益相关者的动员指明重点和方向。实施 ICM 的技术人员参加适当的能力建设计划是必不可少的。

5）设置一个共同愿景和海岸带发展和管理的长期行动框架

这项工作为利益相关者提供了共同的愿景、共同的方向和行动框架，以便通过海岸带战略发展来指导海岸带地区的利用、开发和管理。早期收集到的被确定并优先排序的问题，利益相关者协商的结果，都有助于战略的制定。

2. 在 ICM 项目启动阶段，问题和战略的优先级别排序的价值是什么

ICM 建立在一个共同理解的基础上，即没有任何一个部门、计划或项目可以独立的处理海岸带和海洋管理问题。因此，需要一个全面、协调和综合的方法。然而，ICM 并不是为海岸带地区的所有问题提供解决方案。海岸带地区多种多样，需要不同类型和层面的政策和管理干预措施。此外，通常可用的海岸带管理资源是有限的。

ICM 所做的就是提供一个框架和进程，利用战略的并有逻辑性的方法使那些关注海岸带和海洋地区问题的各方共同努力，阻止、减少

和减轻那些亟待解决的问题。

因此，在制订一个经济的 ICM 项目时，确定需要优先解决的问题，及解决这些问题的相应战略和行动，是重要的第一步。确立需要优先解决的问题，特别是在资源有限的情况下，应利用已有的工具和技术，以便能以系统的、持续的方法关注问题进展。

有哪些工具和方法可用于 ICM 项目优先问题的确定和共同愿景的制订？

1）海岸带状况报告系统（SOC）；

2）综合信息管理系统（IIMS）；

3）环境风险评估（ERA）；

4）海岸带战略（CS）。

3. SOC 是如何帮助确定环境和管理问题的

海岸带状况报告是一个地区全面的、最新的资料汇编，它涉及人口、社会经济、文化、政治、宗教和环境的特征和状态以及管理活动。这一报告能为 ICM 项目提供基线数据。

它整合了各种来源的信息，包括来自政府机构、研究和学术机构、非政府组织和私营部门的二次信息以及存储在信息管理系统内的数据和发表的报告。然后这些信息将用于确定可以纳入 ICM 项目的优先问题。它还指出需要进一步的研究和监测的空缺的关键数据。

4. 编写海岸带状况报告的要求是什么

地方政府需要为海岸带状况报告的编写安排人力和财政资源。政府对海岸带状况报告编写和跟踪了解所做的承诺也是非常重要的。

项目管理办公室（PMO）或 PMO 的一个任务团队担当主要实施者，并帮助进行信息的收集和报告的编写。

海岸带状况报告的编写最好将国家和地方政府机构、学术界、私营部门、民间社团和非政府组织有关的利益相关者都纳入进来。海岸带状况报告的模板已经可以作为收集正确信息的指导。模板包括了每一个以"海岸带综合管理执行的海岸带可持续发展框架（SDCA）"为基础管理元素和可持续发展方面的指标。它还反映了海洋和海岸带环境的趋势、目标和正在实施的管理措施的反馈。该模板还指出已有信息的空缺部分。

海岸带状况报告基线的编写过程至少需要 3 个月,整个过程都涉及多部门的参与和协调。

海岸带状况报告的编制阶段:

1)与 PMO 或任务团队就 SOC 的数据需求和确定可能的信息资源进行首次磋商。

2)举行所有已确定为信息源的机构的利益相关者咨询会议,包括国家和地方政府机构、非政府组织、私营部门、学术界和民间社团,特别是从事信息系统或数据管理的部门。为了使所有利益相关者积极参与并对海岸带状况报告作出贡献,在这一阶段应该清楚的向他们解释报告的意义。在这一阶段应确定初始的 SOC 已有的资料数据、潜在的数据空缺和时间表。这次研讨会的与会者构成 SOC 编写的技术团队。鼓励他们在各自的机构收集所需的信息,根据商定的时限提交 PMO。

3)数据收集涉及所有的利益相关者,PMO 负责信息的整合。

4)数据的确认包括举办研讨会和与 PMO 一起到现场核实信息。

5)摘要,综述,结果分析和起草 SOC 初次报告。在利益相关者咨询会上展示初步结果,为 SOC 报告定稿收集建议。

6)整合咨询会上收集的建议,对 SOC 报告进行定稿。

7)出版发行 SOC 报告。

5. 为什么需要综合信息管理系统(IIMS)

SOC 收集的信息以及其他海洋和海岸带地区的相关信息需要加以组织并通过一种方式保存,这种方式能保存和更新信息系统,并方便各类用户访问。在一个给定地区的管理工作中,这将有助于保障信息的准确、及时更新和充足,为政策和决定的制定及改进做支持。

不过,数据经常是由不同机构根据自己的工作需要分别进行收集、储存、分析和使用的,这导致信息共享受到限制,信息未进行充分的集成和有效化处理，不能全面地反映某地区的生态和社会经济状况。有时收集信息作出的努力是重复的，资源没有被经济地利用。

PEMSEA 已为海岸带和流域地区开发出了一套综合的信息管理系统（IIMS），可满足海洋和海岸带管理数据的需求，提供"一站式"的服务。（图 6.1）

IIMS 可以作为 ICM 项目信息的存储库，从基线信息开始直到所有更新的信息。由于 IIMS 的开发考虑了大多数 ICM 绩效指标，它可用于作为一种评估生态和社会经济趋势、确定管理干预效果的有效工具。

IIMS 集成的管理信息覆盖一个地区的生态、生物物理、社会和经济等方面。它为共享和访问海洋和海岸带地区的规划和决策所需的信息提供了方便。

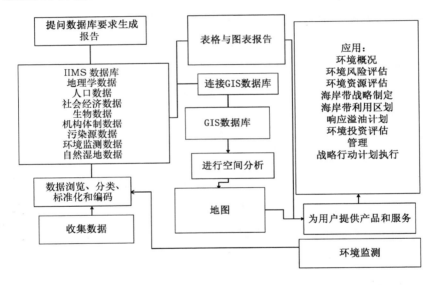

图 6.1　IIMS 的数据分类和应用（用于海洋和海岸带地区的规划和决策）

IIMS 能够满足 ICM 项目的多种需求，包括：

● 环境剖面信息/海岸带状况报告；

● 基线信息或数据汇编；

● 公众宣传和民间社团动员；

● 海岸带战略和实施计划发展；

- 环境风险评估；
- 性别分析；
- 海洋功能区划；
- 环境投资；
- 环境影响评估；
- 溢油应急计划；
- 环境综合监测；
- 环境影响评价；
- 其他。

6. 建立 IIMS 的基本步骤和要求是什么

IIMS 的建立基本上包括：

1）现有能力评估，包括现有设备、数据和数据库以及人员；

2）采购安装计算机、软件以及其他辅助设备；

3）培训相关人员；

4）现有数据的搜集、筛选、整理和编码；

5）通过生成各种报告来展示 IIMS 的应用。

7. 环境风险评估（ERA）如何帮助确定环境优先问题

环境风险评估（ERA）能系统、科学的评估现有信息，以确定人类活动对人类健康和生态系统有负面影响的优先问题。

ERA 将技术信息转换为不同级别的风险，对环境管理人员和决策者非常有用。它整合了广泛的技术信息并能识别：

1）优先关注的环境问题；

2）潜在的关键数据空缺；

3）需要进一步评估的不确定性领域。在 ERA 的结果基础上，提出解决优先问题的政策、管理干预建议或进一步进行风险评估的建议。ERA 为合理的、经济有效的管理决策和行动提供准确及时的科学依据。

ERA 也替代了传统的管理方式，传统的管理方式是基于衡量和严格控制污染物水平（或活动）而没有考虑它们之后的影响。这种传统方式被证明对保护生态系统和人类健康的作用有限。ERA 的应用是符合全球趋势的，即将基于化学的方法转换为对生物效应的考虑。

8. 需要多少信息才能进行风险评估

进行风险评估时，PEMSEA 使用了一种分层方法（图 6.2）。初始风险评估（IRA）通常基于现有的二次信息快速评估环境条件。初始风险评估能够识别需要优先解决的环境问题和次级优先问题，以及确定哪些领域需要立即采取管理干预，哪些需要进一步的评估，并指出潜在的重要数据空缺和/或评估中确定性的来源。初始风险评估之后，在指定地区，如果有必要进行更深的分析和（或）有更多的数据可用，就需要进行精确的风险评估（RRA）。在一些基本数据缺少时，可用分层方法进行初步的风险评估。它有利于及时更新风险管理数据，从而为风险评估过程赢得更多的时间和资源。

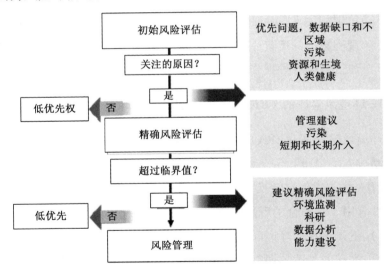

图 6.2　风险评估/风险管理中的分层法

只有用于管理已识别的风险时，风险评估的结果才是有意义的。通过指定需要管理的重点区域，风险评估有利于有限资源的战略性分配，并防止了在次要问题上的资源浪费。因此，它是非常有用的工具，环境管理者可以用它来实施适当的干预措施，使他们的环保工作和当地的发展并行。

环境风险评估（ERA）过程是汇集了来自不同学科及机构的科学专家和环保管理者共同进行的评估。因此，ERA 为参与者个人和机构间的合作提供了有利的环境。这种合作有利于未来的环境管理。

科学和准确的信息对于进行高质量的、可靠的风险评估至关重要。

9. 海岸带战略如何帮助系统地解决环境优先问题

在开展和实施 ICM 项目中，海岸带战略的制定是一个重要的过程。通过与利益相关者的广泛协商，制定了海岸带战略。海岸带战略提供了共同的愿景、战略和行动计划的总体框架，以确保海岸带地区的可持续发展。它为综合规划和管理提供了一个框架，为吸引利益相关者，为最佳管理的政策改革提供了一个平台。它还为机构间和多部门合作打下了基础。它是为使用 SOC 报告、ERA 和 IIMS 中的信息，系统的解决优先环境问题而定制的。

海岸带战略的关键因素是：

a. 海岸带地区的长期愿景；

b. 基于利益相关者期待结果的任务描述；

c. 确立实现目标方法的战略；

d. 对目标的实施策略进行清晰陈述，明确实现共同愿景和任务的方法；

e. 完成目标的行动计划。

10. 制定海岸带战略的基本途径和要求是什么

海岸带战略的制定需要人力和财力资源的保证，基本上涉及：

1）识别和整合项目所在海岸带地区的相关信息；

2）为参与制定海岸带战略的有关人员或合作者，组织培训研讨会；

3）召开一系列的利益相关者协商会议，了解他们观点，包括期望的改变、长期的愿景和战略、实现共同愿景的目标和行动方案，最终达成共同愿景；

4）将各个利益相关者协商的结果整合成一个海岸带战略，开展项目地区的综合研讨会，以达成战略的共识；

5）完成海岸带战略的编制并将其提交到项目协调委员会（PCC）审批；

6）通过举办研讨会/公众活动，正式宣布海岸带管理战略通过审批，由利益相关者签署宣言，使活动达到高潮。

11. 为什么在海岸带战略制定过程中利益相关者的参与至关重要

海岸带战略被认为是"人民的战略"，因为它反映了广大人民的共同愿望。利益相关者协商的过程是漫长而沉闷的，但对构建利益相关者在海岸带资源现在和未来利用方面的共识却非常关键。

当地利益相关者的参与事项：

● 建立利益相关者对海岸带战略的所有权；

● 促进承诺并培养在未来的环境管理中成为积极合作伙伴的意愿；

● 制定能够促进集体发展，符合大多数人利益的行动计划，行动计划要合理并得到认可。

制定海岸带战略的时间不应太长，在协商过程中所激发出的热情和支持难以维持。有关地方政府应采取行动，使战略尽快通过。宣言仪式将有助于提高公众认知、分享制定经验，同时宣布在海岸带战略实施过程中，当地政府、利益相关者和合作伙伴的承诺。

海岸带战略的执行方案和决心将在以后的模块中讨论。

12. ICM 项目，特别是在启动阶段，如何获取利益相关者的支持

从前面的讨论可知，在启动阶段以及整个 ICM 项目周期的各项活动中，利益相关者参与是不可或缺的。

在启动阶段，提高公众意识的重点措施是持续宣传 ICM 的相关信息，为工作计划中指定的各种活动赢得支持。特别是让利益相关者更

多地了解这些活动的价值，他们贡献的重要性和他们的参与会给机构或者他们自己带来的好处。也要强调 ICM 过程的价值，以及有助于利益相关者参与他们所在海岸带地区规划和管理的特定活动。

在这一个阶段应制定一个沟通计划，以使信息、教育、宣传（IEC）和利益相关者动员的战略系统化。该计划包括对公众意识和宣传活动进行监测和评价的过程。

小　结

（1）在 ICM 项目的启动阶段，确定环境和海岸带治理的优先问题是至关重要的，因为这些问题都需要不同类型、不同层面的政策和管理干预措施。

（2）ICM 启动阶段的活动基本集中在确定优先问题和解决这些问题相应的战略和行动上。

（3）用于确定优先问题的分析工具包括：海岸带状况报告、环境风险评估和综合信息管理系统。

（4）来自海岸带状况报告、环境风险评估、综合信息管理系统和广泛的咨询过程的各种结论和意见，为海岸带战略的制定奠定了基础，为需要优先考虑的环境问题和管理问题，提供了一个的长期解决策略和行动框架。

（5）上述工具/方法的应用需要多学科的专业知识、利益相关者的教育和参与以及地方能力的发展。

（6）沟通计划为各种努力指明了重点和方向，以提高公众对 ICM 项目意义的认识，获得参与和支持。

（7）除了要为上述工具/方法提供人力和财力资源，地方政府还应该承诺把项目已得出的结论和成果用于 ICM 项目周期内的其他活动/任务中。

评　估

学员应该能够论述上述工具和方法的重要性、益处和应用，特别是在确立需要优先解决的环境问题和管理问题方面。

他们也应该能够明确使用这些工具所需掌握的技能，并评估这些工具在他们所在地区的潜在使用价值（及使用中的困难和障碍）。

模块 7　发展战略与行动计划

简　介

本模块概括了海岸带综合管理（ICM）项目制定的过程和需求，它突出了海岸带战略中实施行动计划的优先顺序，以及如何将一系列工具用于具体地区/问题行动计划的制定与实施中。本模块还讨论了制度安排的选择，以保证 ICM 项目的可持续性。

学时：1 小时。

目　标

在本模块学习结束时，学员能够：

（1）讨论本阶段在 ICM 周期中的工作与任务；

（2）基于所面临的机遇与挑战，概述海岸带战略实施计划（CSIP）或战略环境管理计划（SEMP）的优先行动项目所需的条件；

（3）讨论海岸带使用区划在解决多重使用引发的冲突中的作用；

（4）讨论建立一个用于评价环境风险水平变化的环境综合监测计划（IEMP）的重要性；

（5）讨论建立可持续财政机制的必要性，以确保行动计划的正常实施；

（6）讨论交流计划的实施是如何提高公众意识和利益相关者支持的；

（7）阐述如何建立和发展制度安排，以确保项目的持续性。

回　顾

该阶段的活动与准备阶段及启动阶段的活动结果紧密相连。

讨　论

讨论将涉及以下内容：

（1）对海岸带实施战略中的行动计划的优先顺序予以排序；

（2）制订具体问题/地区的行动计划；

（3）通过制定海岸带使用区划来解决多项活动造成的冲突；

（4）制订长期的环境综合监测计划以衡量环境的变化；

（5）建立可持续的财政机制以保证行动计划的实施；

（6）利益相关者的持续参与及支持；

（7）指出有利于 ICM 计划持续执行的制度安排的几种选择。

1. ICM 周期发展阶段的目标与任务是什么

在发展阶段，应努力落实模块 2 管理框架中管理体系所描述的主要内容（如政策、战略、计划、制度安排、信息、公众意识、财政机制和能力建设），并解决在具体议题－地区实施计划中所提到的可持续发展所面临的主要问题。

这一阶段的成果有：

1）依据海岸带战略和风险评估结果，制订海岸带战略执行计划和优先行动计划及项目；

2）环境综合监测计划的制订过程中要考虑风险评估结果；

3）建立适当的体制安排，促进在准备阶段形成的确定项目协调机制向更为稳定的结构转变的方案；

4）可持续财政机制的确立；

5）海岸带功能区划方案的制订。

2. 为什么应该优先考虑海岸带战略中确定的行动项目

海岸带战略所描绘出的是一个宽泛的管理框架，旨在解决威胁海岸带地区可持续发展的主要问题。利益相关者共同参与、构建合理的行动计划，符合绝大多数参与者的利益。

CSIP 概述了海岸带战略实施所需的战略行动，因此，CSIP 的确定是实现海洋战略共同愿景与使命的重要一步。它还可确保 ICM 的工作不仅只是注重规划的制定，而且注重规划的批准和执行。

由于资金问题和局部能力的限制，海洋战略中制定的各项行动不可能同时实现，因此，各项资源要集中在主要领域，这既符合逻辑也符合实际状况。因此，在 PEMSEA 示范区，制定 CSIP/SEMP 必须涉及对问题进行优先排序和规划过程（图 7.1），它包括：

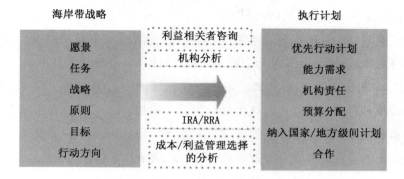

图 7.1 海岸带战略和海岸带战略实施计划的典型组成
本图为海岸带战略和海岸带战略实施计划的典型组成图。海岸带战略实施计划的制订是基于对问题的影响和紧迫性进行技术、社会和经济评价所得的结果（资料来源：PEMSEA 的 ICM 培训手册）

a. 评审海岸带战略中提到的问题与机会区域，并依据其风险的优先级进行排序。问题与机会区域的排序是依据 ICM 地区的环境风险评估中的风险及其他信息如政治能力、人类健康、生态系统和利益相关者社会经济状况来进行的；

b. 根据问题/机会区域的风险排名开展各项战略与行动计划。在依据风险对问题/机会区域排名后，解决问题/机会区域所需的战略和行动计划就能得以确定；

c. 评估实施优先行动方案的现有能力。通过评估可确定哪些行动可由地方利益相关者可自行实施，哪些行动需要当地政府和社区在得到法律、行政、财政、技术及人力资源方面的援助下承担；

d. 根据拥有的能力等级，确定优先行动项目的执行时间表；

e. 确定预算和财政方案。计划的实施需要提供人力、财力及资本资源，因此需要对各项行动项目所需的资源及短期及中期所需的总资源进行预估；

f. 确定优先问题/机会领域的可测目标及预期影响。确定与每个问题/机会领域相关的可测目标。这些目标能在短期或中期内实现，并应与预期结果及海岸带战略的变化相一致；

g. 确定优先行动项目的执行时间表。确定现在在国家和地方各级已经被实施或正被实施的活动与项目，以尽量减少重复工作并最大限度地利用资源。有关 ICM 项目批准事项的模块 8 阐明了将 ICM 的政策、战略和行动计划整合到国家和地方政府现有计划和方案中的重要性；

h. 制定协调/监测机制。制定一个系统化的监测方案，以对实施的进度和影响进行监控，这包括指定带头机构，以对计划的实施进行协调和监控，审查已开展的活动目的状况，在达到目标的进展和影响基础上的监测，并允许对方案及时调整以确保方案的有效实施。

i. 进行一系列的咨询活动以审查并最终定稿海岸带战略执行计划。通过讨论以及各级政府部门、机构与主要利益相关者的参与，进一步完善优先战略与行动计划；

j. 最后，海岸带战略实施计划应由地方政府审批和通过，以确保其被纳入地方政府更广泛的发展规划框架中。

3. 具体地区/问题行动计划的目标是什么

具体地区/问题行动计划是将海岸带战略执行计划中的优先行动项目及海域功能区划、沟通计划、环境综合监测系统等及其他计划和项目付诸实施。这些行动计划具体包括：行动步骤或要完成的任务；机构/部门的角色与作用；具体的时间和预算，以确保适当的管理干预来解决地方政府优先关注的问题。这些问题，如自然和人为灾害预防生境的保护和恢复、水的使用和供应、食物安全和生计、减少海、陆源污染和废物管理等。

特定的行动计划需要对应的特定部门来实施，例如，海岸带渔业的可持续发展计划应由渔业部门实施，海滩管理计划则应由旅游部门执行，而废物管理计划应由环境保护部门领导。因此这些部门需要深入参与到行动计划的制定过程中，否则，即使这些计划是经过精心设计的，它们也很难得以实施。

一般来说，这些机构非常乐意参与，前提是它们相信这些计划能够得到他们自己的经费支持并能很好的实施。它们会把 ICM 的提议视为获得财政资源的新机会，以开展它们职责范围内的各项活动。

另一方面，当某一多种用途的计划涉及多个部门和多方面利益相关者时，项目协调委员（PCC）将要发挥协调作用。此时，该计划的实施可由带头的相关机构来协调或完全由中立机构来协调。

4. 海域功能区划是如何解决多种用途引发的冲突的

通过海域功能区划制定及其实施来解决多重使用引起的冲突，可以说是海岸带战略中最重要的工作之一。

海岸带使用区划或功能区划，是根据具体的标准来分配使用区域中最为显要的标准区域的生态功能，传统用途和未来的发展的。海域功能区划旨在规范海岸带地区的经济活动，并保护重要的栖息地。因此，在地方政府实施海岸带战略中的行动项目时，这一计划可作为一有力的管理工具。

表 7.1　厦门海洋使用收费制度

使用/活动	单位	西海域			东海域			同安湾			大嶝海		
		I	II	III	I	II	III	I	II	III	I	II	III
围垦	元/米^2	30	45	60	30	37.5	45	7.5	15	22.5	1.5	2.25	3
码头	元/（米^2·年）	0.3	0.75	1.5	0.75	1.5	2.25	0.25	0.45	0.75	0.15	0.3	0.4
铺设海底管道	元/米	5	4.5	3	7.5	5	3	4	3	2.5	3	2.5	1.5
船只制造与维修	元/（米^2·年）	0.45	0.75	1.5	1.5	3	4.5	0.45	0.75	1.5	0.25	0.4	0.45
采矿	元/（米^2·年）	1.5	0.75	0.45	4.5	3	1.5	1.5	0.75	0.45	0.45	0.4	0.25
水上运动	元/（米^2·年）	1.5	1.2	0.75	0.75	0.4	0.45	0.15	0.25	0.45	0.15	0.15	0.15
娱乐与酒店设施	元/（米^2·年）	1.5	3	4.5	1.5	2.25	3	0.6	0.9	1.2	0.3	0.45	0.6
海水养殖													
浅海网箱	元/（米^2·年）	3											
浅海散养	元/（米^2·年）	30											
浅滩海水养殖	元/（米^2·年）	8											

Ⅰ：海水面积从平均高潮线至 0 米等深线；

Ⅱ：海水面积从 0 米至 5 米等深线；

Ⅲ：海水面积超过 5 米等深线

来源：东亚海环境管理伙伴关系计划 PEMSEA，2006a.

海岸带利用区划有如下益处：

a. 有利于海洋和海岸带地区发展计划在规定的政策和法规下实施；

b. 为决策、保护海岸环境、海岸带地区的发展活动、发展项目和计划的评估与批准以及合理利用海岸带资源，提供科学信息支持；

c. 解决各种发展活动引发的冲突；

d. 为ICM计划的实施提供信息支持。

图7.2为中国厦门海岸带利用分区计划。海岸带利用分区计划于1997年由行政命令通过，旨在促进合理开发和利用海洋资源，并有助于解决多重使用引发的冲突（PEMSEA，2006a）。

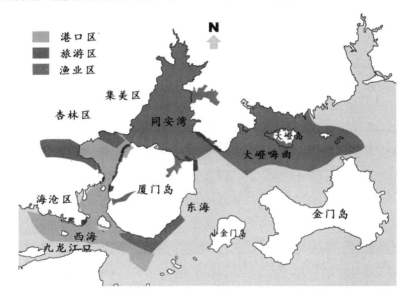

图7.2　中国厦门海岸带利用区划

图7.3说明的是越南岘港海岸带利用分区计划的制订过程。通过与各级利益相关者磋商，利用审查区划是该过程的重要组成部分（岘港，2005）。

区划是通过适用于范围确定区域的管理规定来管理一个区域的。

对于一个区域内活动的管理是将把这些活动指定为：

a. 被允许或经许可允许，如果一项活动被指定，则它设定为未被

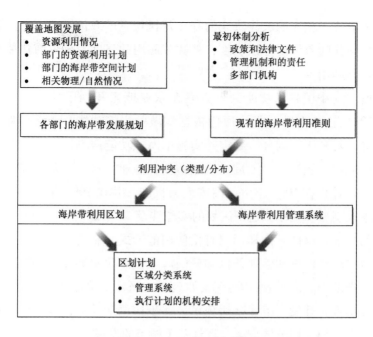

图 7.3　越南岘港海岸带利用区划的编制过程示意图

允许，除非它得到许可；

　　b. 被禁止或经许可允许，如果一项活动未被指定，则它被设定为被允许。

　　上面两种方式将会影响 ICM 活动的管理。在第一种方式下，只有当某一活动符合管理目标时，该活动才被允许；而且这种许可附带的一些条件可能会减小新活动的影响。在第二种方式下，活动的批准需要管理层能确信这些活动与管理目标一致，并不会对环境造成不良影响；使用该方式的频率不高，因为管理层在证实新活动与管理目标的一致性时，需要耗费相当大的财力与时间。

　　功能区划作为一个概念可以适用于不同的规划尺度。区划既可以在超越行政边界的大区域制定也可以在一个只有几百平方米小区域制定。然而，区划类型，区域内管理目标，及区划内的活动类型因规模而异。有些分区（如旅游业、农业、工业）的管理，在一大的地区比较有效，而在狭窄海滩上的旅游管理效率则非常低下。

　　虽然功能区的划分可解决发展问题，其作为一种管理工具的有效性主要取决于相应的法律法规的存在及执行它的政治意愿。一个区划必须始终伴随着一许可证制度，来调节使用的强度及确保海岸带资源的可持续利用。

厦门（中国）的功能区划方案在东亚地区开创了功能分区的先河。20 世纪 90 年代中期，厦门依据海域的生态功能、经济功能及传统用途，对其进行划分，制定并实施了海域功能区划。分区计划划定特定区域用于航海业，如港口，旅游业，渔业，水产养殖和保护（图 7.2）。该计划在 1997 年由厦门市人大批准，并在 1997 年颁布了相应法规来控制海域使用。这一区划的实施涉及 23 个部门。一个以市场为基础的手段，以许可证和用户有偿使用的形式，制定并通过了两套立法：海洋环境保护和管理条例和厦门海域使用收费制度，补充了分区方案管理条例。海域使用收费表如表 7.1 所示。高收费制度的应用，通过控制资源开发，事实上避免了一些不协调活动的出现。同时配合陆地使用计划，该分区方案合理规范了城市的发展。

厦门功能分区方案的成功实施为中国和其他国家的海岸带地区区划提供了一套非常有用的工作模式。PEMSEA 的许多地方，如在八打雁（菲律宾），岘港（越南），巴厘岛（印度尼西亚），巴生港（马来西亚）和西哈努克（柬埔寨）的已经开始制定各自的海域功能区划。表 7.2 为西哈努克海域功能区划的功能分区。

5. 建立环境综合监测计划有哪些好处

环境监测是环境管理的一个重要组成部分，是为了确定和量化问题，对问题的进行优先排序，评估的合理性、评估措施的有效性，强化知识，从而利于正确的管理决策的制定。然而，传统的监测大多是由不同的执法部门、科研机构的管理部门独立进行的，相互之间只有很少有或根本没有沟通和协调，这导致：

1）工作的重复；

2）数据不可比较；

3）信息无法整合；

4）某些情况下监测设计和参数不当；

5）管理者或决策者的作用有限；

6）不能将监测结果变成或管理战略；

7）缺乏对监测计划价值的评估。

表 7.2　西哈努克市在海岸带利用区划中确定的功能区

发展水平	功能特性	区域名
养护	养护	区域 1　保留区
	保护	区域 2　饮用水源保护区
	修复	区域 3　恢复/修复区域
缓冲	低强度使用	区域 4　低强度使用 区域
发展	农业	区域 5　农业 区域
	渔业管理	区域 6　渔业管理和渔港 区域
	水产养殖/海洋水养殖	区域 7　水产养殖/海洋水养殖区域
	旅游业	区域 8　T 旅游开发区域
	港口管理	区域 9　港口管理 区域和 大洋航线
	机场发展	区域 10　机场发展 区域
	多功能使用	区域 11　多功能使用区域
	沿海工业	区域 12　沿海工业与采矿区域

来源：Chua，2006.

在进行管理和政策干预中缺乏有效的检测数据，可能导致资源利用效率的持续低下和环境的进一步恶化。鉴于现有监测计划作用的有限性和监测活动可用资源的有限性，PEMSEA 提议制定一个环境综合监测机制。

环境综合监测计划（IEMP）把污染检测、资源和栖息地评估与地区环境相关的人类健康监测集成在一起，是一项系统的、性价比高的、可协调的监测方案。风险评估中的数据，如优先问题、数据空缺和不确定性（见之前在模块 6 对启动 ICM 的讨论），可用于指导制订环境综合监测计划；而反过来，环境综合监测计划的数据，又会指导精确风险评估（RRA）的进行。长期的环境综合监测计划可为环境/海岸状态及管理策略的有效性的评估提供可靠的数据支持。通过风险评估的应用有助于从 IEMP 获得技术信息的使用，来支持管理决策的行动。

图 7.4 描绘了菲律宾八打雁省环境综合监测计划。该计划的特点是与政府部门和私营部门的有机结合在一起，共同承担相关费用（Chua，2006）。

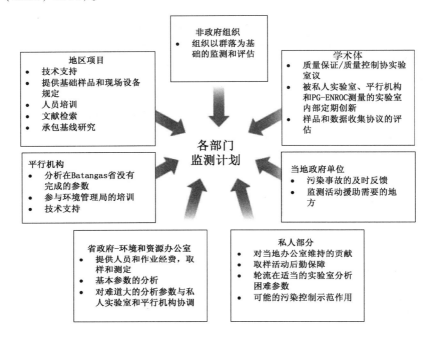

图 7.4　菲律宾八打雁省环境综合监测计划

环境综合监测计划已经在 PEMSEA 多个 ICM 示范区制定并实施，它们的共同特征如下：

a. 建立跨部门的监测网络：i）整合各参与部门与机构的力量与资源，避免工作的重复，促进资源的高效利用；ii）信息共享，管理计划与沟通策略的分享；iii）处理监测数据，规范数据，整理成表格；iv）借助反馈机制可对监测网络进行改善；

b. 策划信息共享；

c. 根据已确定的优先顺序、数据空缺与授权的监测参数，完成监测设计；

d. 支持环境综合监测计划的能力建设活动；

e. 为方便管理建立监测结果交流机制；

f. 为实现环境综合监测计划的长期实施，监测网络的持续使用，及资源、信息的共享，制定合适的可持续的制度体系与组织体系。

在菲律宾八打雁省，环境综合监测计划的制订涉及广泛的能力建设活动，包括：环境实验室的建立，人员培训，试点监测方案的设计与执行，及一长期环境综合监测计划的制订。一个监测网络（图7.4），涉及地方和省级政府，中央政府机构，学术界，私营部门和非政府组织。监测活动被纳入省级环境和自然资源办公室预算的同时，还建立了相应的基金体系以利用其他基金会如八打雁湾海岸资源基金会（BBCRF）和八打雁湾城市理事会（BBMC）的基金。除制定共同财政方案外，为满足环境法规证书的要求还兴起了新的行业以执行监管工作。其他参与组织则提供实物，如利用菲律宾海岸警卫队船只进行取样工作和水务部进行大肠菌群的分析。

6. 为实施优先行动计划怎样获得连续的资金供给

由外界资金支持的海岸带综合管理计划项目（ICM），如果没有连续的资金支持，其进展很难通过计划阶段或早期实施阶段。从东亚地区ICM项目的经验来看，当其被纳入地方政府的发展规划时，取得成功的几率就相对较高。出资者发起的活动很少被纳入国家计划或发展计划的情况下，资金的匮乏将会导致这些行动计划的失败，并往往成为不作为的借口。为保证行动计划的执行，需要建立一个新型的财政机制。

PEMSEA的做法是创造一种氛围，鼓励来自社会各界不同地方的利益相关者携手解决大家共同关心的问题。环境投资计划的确定与优先化是社会各界的共同事业。这既有利于确定环境投资机会，也能营造良好的政策环境，增加投资者的信心，从而保证了投资者对于投资的可接受性与可支付性。

PEMSEA为环保投资采取了公私合营这种可持续的投资机制。从本质上说，公私合营主要解决两个基本问题：

a. 投资者和可承担的投资方式，创建技术上合理、财政上可行、环境上可接受；

b. 在公、私两部门间建立公平且可持续的伙伴关系。

私营部门既有资金资源又有设计、建造、改善环境的设施和服务。例如，废水处理设施的规划与运作，实施专门的培训，进行环境和自然资源的调查。

另一方面，公共部门则要确保有明确的政策环境和规章框架以鼓励私营部门更好地参与到与公共部门的合作中。

调动私营部门优势与资源的另一种方式是建立对企业的共同责任，将这些企业（如石油公司、食品加工业、港口、渔业、制造业和旅游业等相关业务部门）的直接或间接投资的一部分分配给海岸带资源。这些业务部门可以共同创建一个基金会为地方政府 ICM 的实施提供资金支持。栏 7.1 提供了菲律宾巴丹省的私营部门是如何在环境管理方面发挥重大作用的。

7. 为什么利益相关方在整个 ICM 周期内的协商和参与是一个持续的过程

ICM 为利益相关者从项目的规划到实施的整个阶段提供了参与框架及发挥积极作用的机会。海岸带问题的本质其需要广泛的参与，因此进行项目管理就要认识到与利益相关者共事的重要性。建立与社会各层利益相关者的合作伙伴关系，让他们参与到 ICM 项目从规划到实施的各项活动中，这样可以充分调动他们的积极性，提高他的兴趣并最大限度地发挥他们的技能和资源。

利益相关者的协商、参与是 ICM 周期中各项活动与阶段不可分割的一部分：从海岸带战略的制定到海岸带战略计划的执行，从投资机会的识别到海域功能区划的制定，从方案的确定到 ICM 项目的制度化等这些活动，都需要利益相关者的参与。

在启动阶段，ICM 应首先动员利益相关者中比较积极的人士，这是一种实用的策略，使海岸带管理者在启动阶段在管理小组内理智的使用有限的资金并在短期内做出明显的成效。当人们开始看到海岸带状况有改善后，会对这些项目更感兴趣，更可能成为合作伙伴网络中的一分子了。

利益相关者之间的伙伴关系为造就一批地方政治选民打下了基础。

菲律宾巴丹省的 ICM 计划表明了这个基本原则可以付诸实现（7.1栏）。巴丹省的海岸带关爱基金会（BCCF）由 18 个公司和社会民间组织组成，它是 ICM 项目在巴丹省的建立与实施的有力后盾。作为巴丹省的协调委员会的积极一员，BCCF 努力调动更多的资源与技能，是地方政府工作的补充。它在业务管理技能方面的集体智慧，及提供的研究数据、设备和设施，有助于 ICM 项目的可持续发展。

栏 7.1　菲律宾巴丹省环境管理中私营部门的作用

当海岸带综合管理项目区的产业认识到 ICM 项目的实施有利于地方管理的改善、政策的清晰化和法规要求的一贯性，他们对 ICM 项目会更感兴趣，从而更加支持该项目。ICM 项目有利于创造一种利益相关者积极参与的政策环境。通过 ICM 的实施，这些行业不仅能在全民共同努力实现可持续发展的过程中发挥积极作用，还能成为地方管理的中流砥柱。

公－私合作伙伴关系有利于促进沿海省的可持续发展，在巴丹省的例子就突出了这种效果。巴丹省的关爱基金会是由 18 个产业组织自发成立的，该基金会与省政府和相关市政府在 ICM 项目的制定和实施过程中密切合作，PEMSEA 则提供技术指导与支持。基金会还资助了 ICM 项目管理办公室的运行，巴丹省的海岸带管理委员会的成立和以问题为导向的特定行动计划的实施，如红树林的种植、贻贝放生等。私营部门在资源的调动、管理技巧与专业技术的分享、研究材料和数据的提供方面中发挥了重要作用，是地方政府在设备、设施和人员的提供的有力补充。基金会成员还与省政府密切配合，共同完成项目的规划与实施。

在巴丹省，项目的实施有着充足的资金保障，在共同责任制度方面巴丹为其他城市树立了一光辉典范。在两年的时间内，巴丹省的已多次荣获国家或国际大奖，如砧优质奖，以奖励其以社区为基础的公共关系运动（Kontra－Kalat sa Daga）和"反对海上乱扔垃圾运动"（来源：Chua，2006）。

当政治领导者成为关键的利益相关者时，对海岸带和海洋环境的政治关注将会强化。因此，应努力促进他们的积极参与，不仅参与提高公众意识活动，如（如海岸带的清理、红树林种植计划、鱼类放流和海龟的保护），而且还要使他们成为 ICM 主要的关键参与者（如海岸带战略发展的公共协商、研讨会、到 ICM 计划实施比较成功的地方考察）。

利益相关者协商与参与是 ICM 周期初期阶段制定的沟通计划的实施内容。这一沟通战略考虑了各合作伙伴、利益相关者之间的关系，将会促进海岸带问题与管理事项交流网络的建立。

在越南岘港，沟通计划的实施是通过沟通核心组织来支持的，该组织主要是由妇女协会、农民协会和岘港青年联盟等组成的。该组织采用了多种方式，如散发传单、海报、通讯、举办艺术节和竞赛，把与环境有关的主题纳入学校活动，举办访谈和脱口秀节目等，来提高公众意识并动员利益相关者参与 ICM 的项目活动。这一工作产生了一连串的积极反应，公众咨询会上大家的踊跃提问与仔细聆听是最好的证明。ICM 项目为岘港提供了一个参与平台，利益相关者可在公众咨询会上发挥积极作用。正是主人翁意识的增强促进了利益相关者的积极参与。

正因如此，一个 ICM 实践者才能有公众知情优势和利益相关者的支持。这会产生强烈的政治意愿，并促进人在人力资源和财力资源方面对项目的承诺来实施 ICM 行动。

8. 项目协调机制是如何促进机构间的多部门合作的

在 ICM 实施地区，项目协调机制通常采取董事会或委员会的形式。项目协调委员会（PCC）是由来自相关机构和民间社团包括商界、学术界和非政府组织的代表组成的。通常情况下，委员会的主席多是由地方政府的负责人担任。委员会的主要任务是为项目的实施和运行提供指导和建议，并在参与 ICM 项目的各部门和机构间营造伙伴合作关系。通过这一机制，可以避免职责或活动的重叠，减少冲突，增加跨部门跨机构的合作。建立项目管理办公室（PMO）是为了执行 ICM

108

项目计划，因此该委员会（PCC）的运作应由项目管理办公室负责。

地方领导和 ICM 主要人员频繁的人事变动往往会引起不确定性，在很多情况下甚至会减缓 ICM 项目运作速度，并限制协调机制发挥作用。为解决这一问题，应把以项目为基础的项目协调委员会 PCC 逐步转变为一个更为常设的机制，以一种地方可持续发展委员会或管理机构的形式，或在下一个 ICM 运作周期中仍以协调委员会的形式稳定存在。由于地方政府行政结构的变化和精简，项目管理办公室在 ICM 进行过程中也会发生转型。

除项目管理办公室和项目协调委员会外，在 ICM 的运作过程中还会设立其他机构，如多学科技术顾问小组、交流网络、信息综合管理系统、风险评估小组、环境综合监测小组、功能区划执行委员会等。为使 ICM 或为一种体制，在这一阶段中，也要考虑这些机构指出的一种最适当的选择，在管理安排、能力强化、从属关系和财政机制等这些基本要素的基础上，建立一些适当的体制安排。

小　结

● 海岸带战略执行计划概述了海岸带战略实施所需要的战略行动。海岸带战略执行计划的制订是实现海岸带战略中确定的共同愿景和使命的重要一步。它还保证了 ICM 的工作，不仅注重规划，而且还要传递，批准和实施。

● 具体地区/问题行动计划是为了把海岸带战略执行计划中的优先项目付诸实施，这些行动计划具体包括行动步骤与任务，步骤的完成能使与地方政府最为关注的问题有关的管理干预落到实处。

● 海岸带使用分区或功能分区，是依照专门的标准来划分使用区域，这些领域中最为重要的是经济功能、传统方式和未来发展。它的制定旨在规范海岸带地区的经济活动，并保护重要的栖息地。海域功能区划，为地方政府实施在海岸带战略中制定的行动计划提供了强有力的管理工具。

● 环境综合监测计划把污染监测、资源和栖息地评估与地区环境相关的人类健康监测集成在一起，是一项系统的、经济有效的、可协调的监测方案。风险评估的结果，如优先次序、数据空缺和不确定性，可作为制定环境综合监测计划的输入信息，而反过来，环境综合监测计划的数据，又可用于精确风险评估（RRA）的进行，因为它提供了关于环境风险的强化信息。

● 为保证行动计划的执行，需要创建新的财政机制。PEMSEA为环保投资采取了一种可持续的投资机制——公私合营（PPP）。在支持 ICM 项目运作时，公私合营有两种运作模式，一种模式是促进公共与私营部门之间的伙伴关系，来支持 ICM 项目制定与实施；另一种模式则可推动私营部门在环境项目的投资。

● 海岸带问题的本质，决定了其需要广泛的参与，因此，项目管理需要明确认识到让利益相关者参与的重要性。建立与社会各层利益相关者的合作伙伴关系，让他们参与到 ICM 项目的整个过程和各个具体环节中，这样可以充分调动他们的积极性，并最大限度地发挥他们的技能和资源。

● 地方领导和 ICM 主要人员的频繁人事变动往往会引起 ICM 项目的不确定性，在很多情况下甚至会减缓 ICM 项目进程，并限制协调机制的作用。该问题的解决方法是通过把以项目为基础的协调机制逐步转变为更为常设的机制。

评　估

学员应能认识并解释构建 ICM 方案需要的活动，并对有关方法的实用性、基本步骤要求进行判断。

模块 8　ICM 项目的批准

简　介

本模块强调了把各项政策、战略、行动计划纳入到地方现有发展计划与项目中及各项组织安排与制度安排和资金保障的重要性，以确保 ICM 项目运转的可持续性与可推广性。

学时：1 小时。

学习材料：

讲义 8.1　岘港海岸带战略宣言副本。

目　标

在本模块学习结束后，学员能够：

（1）讨论 ICM 项目该阶段的成果与任务；

（2）讨论 ICM 项目获得政府审批与预算拨款的重要性；

（3）阐述海岸带战略、海岸带战略实施计划（CSIP）/战略环境管理计划（SEMP）、及各行动计划的审批通过是如何促进政策与职能的整合的；

（4）讨论适当的组织机制与法律机制对促进 ICM 项目实施的重要性。

回　顾

项目协调机制的体制化是 ICM 项目必须要实现的一个目标，这在模块 7 中已经进行过论述。项目协调机制体制化的提议是基于政策和组织的分析，社会人士/利益相关者的分析和法律法规的分析结果，以及与利益相关者协商的结果。这为说服地方政府审批通过各提议方案提供了可行的基础。这一过程还可促使政府对协调机制的运作及优先行动计划的实施提供必要的预算拨款。

适当的组织机制与法律机制、海岸带战略实施计划/战略环境管理计划及各项行动计划为 ICM 项目在地方的体制化铺平道路，本模块对这些机制的采用与审批展开了讨论。需要强调的是，接受和批准 ICM 项目及它的一系列活动与成果，并不是一蹴而就的，而是一个循序渐进的过程。

讨　论

讨论将包括以下内容：

（1）ICM 项目在批准阶段的任务与成果；

（2）获得政府批准与预算拨款；

（3）把 CSIP/SEMP 纳入地方发展项目或计划；

（4）采用适当的组织与法律机制与制度以保证 ICM 的实施。

1. ICM 项目审批阶段需要实现哪些目标

ICM 项目本阶段工作是让先前工作成果获得法律批准：

● 海岸带战略实施计划及各行动计划的批准；

● 预算分配/筹资机制的确定；

● 使政府以法律认可的形式批准各项组织等体制机制。

2. ICM 项目获得政府批准与预算拨款需要哪些准备工作

为保证 ICM 项目获得批准的准备工作必须尽早展开。当必要的项目概念已被制定与接受，与利益相关者和相关机构的伙伴关系已形成，审批过程即已开始，如从协议备忘录的批准与签署起，这一进程就开始了。随着 ICM 项目的进展，许多活动与任务得到完成，前面各阶段的主要目标也已实现，这时通过这些建议和成果的审批过程也就开始了。在审批阶段，获得地方政府对海岸带战略行动计划/战略环境管理计划、各项行动计划及组织安排的支持至关重要。

ICM 项目被地方政府审批通过的基本条件如下：

1）有中央政府的支持；

2）有关的利益相关者全部参与；

3）有相应的财政来源；

4）地方政府有承办这些项目的能力；

5）地方政府的承诺。

ICM 项目必须作为一个整体通过中央/地方政府，包括利益相关者等各层面的审批。虽然 ICM 项目的执行是由地方政府直接负责的，但中央政府的支持有助于获得财政的拨款以及政策和立法的支持。地方上做出的许多政策与管理决定必须符合现有的国家政策、优先事项，法律法规，包括与执行国际公约有关的法律法规。

ICM 项目被地方政府批准后，可产生一系列积极影响：

1）政策、体制变革，包括政策、职能整合；

2）加强各部门之间的协调；

3）预算调整。

在前面的几个模块中我们已经强调了各相关机构、专业机构和其他利益相关者要广泛的参与到海岸带战略、海岸带战略实施计划/战略环境管理计划和其他相关活动的实施中。在审批通过阶段，规划中的计划与项目可以被纳入到各相关机构的财政计划和预算中，因此过程尤为重要。若 ICM 项目被地方政府审批通过，各相关部门获得预算批准与拨款的机遇会增大，从而更有可能获得这些部门的支持。因此，可以想象得到管理政策或管理干预的实施让他们更加积极地参与到 ICM 项目中。然而，如果这些部门误认为 ICM 项目是在与他们争夺有限的财政资源，情况就可能不是如此了。在大多数ICM 示范区，PMO 和 PCC 对 ICM 项目的批准是起促进作用的，但仍需要大量的工作以使海岸带战略、各项行动计划以及法律机制的转型获得政府的批准。之所以让现任市长或省长直接领导项目协调委员会，是为了确保地方政府能发挥协调的作用，也是为了确保政治承诺的兑现。

行政审批过程通常也是循序渐进的。在项目管理机制设立之后，下一步骤则是海岸带战略的批准，这个阶段往往是以政府和利益相关者的宣言、对实施战略作出承诺而结束的。在越南岘港，在利益相关者的海岸带战略宣言中，他们承诺将会致力于岘港海岸带战略的实施。海岸带战略的签署，使具体问题/地区行动计划的行政审批成为可能和合理。

3. 通过审批的海岸带战略行动计划/环境战略管理计划和各项行动计划是如何促进政策及功能整合的

ICM 的框架和流程，使各利益相关方得以共同努力，集体考虑并解决问题。例如，在海岸带战略和海岸带战略实施计划/战略环境管理计划的准备阶段中的协商过程，给所有利益相关者提供了参与平台与机会。这一过程有利于建立共识，而共识的建立则会强化各部门、各机构的合作与协作，从而实现职能的整合。

海岸带战略实施计划/战略环境管理计划通过地方政府的行政审批后，可被纳入更宽层次的地方政府发展规划框架中。这既有利于各项活动计划的实施定期获得预算拨款，也有利于该计划与国家政策、优先事项与现行法律保持一致。

在菲律宾八打雁，战略环境管理计划（SEMP）在 1996 年通过行政审批后，被纳入各项国家、地区和省级宏观社会经济和环境规划项目中，特别是菲律宾中期发展计划（1993—1998 年），CALABARZON总体规划、八打雁省的多部门发展计划（1995—2000 年）。八打雁省ICM 项目的财政拨款逐年增加（表 8.1），SEMP 的实施有着充足的资金保障。

在中国厦门，至少有 3% 的城市年度预算会分给环境管理。这表明，ICM 项目可以由地方政府倡议并启动，同时也表明这是 ICM 项目在提高地方政府政策与职能整合方面的能力。

各相关部门，如渔业、旅游业、栖息地的保护、污染防控等，需要深入参与海岸带战略实施计划/战略环境管理计划的制订工作，因为这些计划的实施需要这些部门的积极参与，这在先前模块中也已讨论过。当一个行动计划的实施需要多个相关机构参与时，该计划可在带头机构或中立机构的协调下实施。

114

表 8.1　八打雁省用于海岸综合管理计划（ICM）的预算分配表

预算年度	预算分配		
	MPP – EAS（美元）	PG – ENRO（比索）	BBREPC（比索）
1996	713 800	3 651 896	500 000
1997		5 560 483	
1998		7 014 684	
1999		7 235 908	
	PEMSEA		
2000	70 000	8 332 741	500 000
2001		8 732 942	
2002		9 469 942	
2003		11 700 522	

注：MPP – EAS = 在东亚海域海洋污染预防和管理的区域方案；

PG – ENRO = 省级环境和自然资源办公室；

PHP = 菲律宾比索；

BBREPC = 八打雁海湾地区环境保护理事会；

PEMSEA = 东亚海环境管理伙伴关系计划；

来源：PEMSEA，2006a.

行动计划的实施将会显著促进政策与职能的整合，这在下一模块中将会讨论。

4. 为什么采取适当的组织与法律机制是必要的

为保证协调部门与执行部门在 ICM 项目实施中有着相当的权利与资源，必须采取适当的组织与法律机制。这可以为 ICM 项目，在地方一级的体制化奠定坚实的基础。回顾 ICM 项目制定阶段中制度安排的选择，特别是将以项目为基础的协调机制转化为稳定机构的方案选择。明确协调部门与执行部门的权利和职责，这包括能力建设措施、融资机制和用以判断行动计划执行进展的监管机制。在审批阶段，主要是对被提议机制的审批。审批过程中各相关部门、利益相关者的协商，可提高所有部门的政策意识。

小　结

● 在相应计划概念被制定并被广泛接受，相关机构与利益相关者之间伙伴关系形成后，就要开展 ICM 项目的审批准备工作了。鉴于 ICM 项目已取得进展、各项活动与任务已经完成、先前各阶段的关键成果也已见效，审批过程可继续进行。

● 海岸带战略实施计划/战略晋级为管理计划并通过地方政府审批后，可被纳入地方政府发展规划框架中，这既有利于各项行动计划获得定期的预算拨款，也有利于这些行动计划与国家政策、优先事项、现行法律协调一致。

● 建立适当的组织机制和法律机制以确保 ICM 项目，在长期可持续的基础上，在地方一级体制化，这在 ICM 项目实施过程中至关重要。

评　估

学员能够阐述组织机制、各项海岸带战略与计划的审批、获得预算拨款的重要性以及需要的准备工作。

模块 9 ICM 项目的执行与管理

简 介

本模块主要论述在项目执行阶段的关键活动。其中着重论述：如何通过适当立法程序，加强项目的管理安排；如何实施有利于加强海岸带治理的行动；如何实施优先改善环境的活动。

学时：1 小时。

目 标

在本模块学习结束时，学员应该能够：

（1）在 ICM 的实施阶段明确成果、任务和关键活动领域。

（2）解释项目协调和管理机制制度化的重要性；

（3）了解如何促进和协调既定行动方案的实施，明白为什么 ICM 活动必须要有法律的支持；

（4）列举出有利于 ICM 有效实施的因素。

回 顾

在以前的模块中，已经阐述过地方和/或中央政府以及利益相关者对 ICM 保证认可的重要性。随着 ICM 各关键目标和活动的确定，ICM 周期继续向前推进，并进行到执行阶段。本模块主要讨论在实施阶段的关键问题，特别是加强必要的项目协调和管理机制，并通过适当的立法程序将它们集成到当地政府的体制结构的这一过程。

由于这是 ICM 的第一个周期，在有关执行机构之间建立信任是至关重要的，同样在利益相关者之间建立信任也很重要。海岸带战略执行计划（CSIP）和优先行动计划通过相关各机构或多个部门共同协调完成。在 ICM 周期中，这是最具挑战性的一个阶段，往往是对协调机制能否在计划的执行中促进部门间合作的考验。

讨 论

议题包括：

（1）ICM 实施中的重点活动；

（2）项目协调与管理机制的体制化；

（3）促进优先行动计划的实施；

（4）ICM 的法规支持；

（5）促进 ICM 有效实施的因素。

1. 实施阶段的关键活动是什么

ICM 计划在本阶段的实施内容包括实施 CSIP、建设制度、制定法律法规和财政机制。

在本阶段，通过适当的立法程序将项目管理安排整合到本地的体制结构中。

2. 为什么 ICM 项目协调和管理机制的体制化是必不可少的

ICM 实施的第一步是为其设置实施结构。包括将协调和实施机制（即 PCC 和 PMO）转成稳固的常设机制。

正如在之前的模块中提到的那样，协调机制的作用是调和利益相关者间的利益冲突或相关机构之间责任的重叠，以及整合政策和管理措施。

如果加强合作和协调，机构间的冲突将不断减少或解决。当协调机制的成效在逐步加强时，协调机制的体制化就更有希望。这些显而易见的成就会产生政治补偿，强化让现在的项目协调委员会（PCC）的继续存在或进一步壮大的理由。

东亚海环境管理伙伴关系计划（PEMSEA）中几个 ICM 项目示范点在建立和维持长期协调机制方面取得了成功。这些成功消除了人们之前的看法。之前有人认为因为 ICM 没有法律依据可循，所以建立这样一个协调机制是复杂或是无法实现的。厦门和八打雁经验已成为东亚区域中其他 ICM 示范点的典范。图 5.1、图 5.2 以及栏 9.1、栏 9.2

介绍了这两个示范区的机制安排和机制转型过程中的细节。这些 ICM 示范区取得的成功经验证明，ICM 协调机制的体制化建设是 ICM 一个必达的目标。因为体制化后的 ICM 将成为地方政府发展计划的组成部分，所以协调机制的体制化能使 ICM 保持长久生命力。协调机制的体制化还为 ICM 决策提供了更真实可靠的基础；并提升了 ICM 和其执行机构的透明度、诚信度和对未来的信心。一个长期的协调机制同样有利于当地政府依据其自身的时间、人力和财力等情况来执行计划。

栏 9.1 厦门 ICM 的机构建设

厦门海洋管理和协调委员会（临）成立于 1995 年底，是机构间、多部门的组织。由厦门常务副市长担任主任，同时（负责交通、农业、科技与城市建设）其他副市长担任副主任。委员会成员包括政府其他部门和机构的负责人。负责提供政策咨询、协调各类海洋使用和审查这些活动的进展情况。该机制旨在集成和简化重叠的职责，从而避免工作重复，并加强机构之间的资源共享。

在 MMCC 内，成立了多机构执法队，用于加强遵守规则和规章，并对违规者加以处罚。此外，海洋专家组（MEG）成立于 1996 年，为决策者提供科学和技术咨询。专家组 - 成员为海洋科学家、经济学家、法律和其他技术专家 – 在厦门沿海功能区使用发展规划、综合的海洋经济发展规划、海洋环境监测网络的建立和厦门沿海可持续发展培训中心建立中发挥了重要作用。海洋专家组是弥合科学与政策之间的桥梁。

与 PEMSEA 合作的第一阶段结束于 1999 年，在政府内 MMCC 已体制化为海洋管理协调办公室（MMCO），保留了 MMCC 的原结构和协调 ICM 活动管理方面的作用。2002 年，为进一步提高协调机制，MMCO 与渔业局合并，形成一个新的机构，厦门海洋与渔业局（XOFB）。至今，厦门市市长担任海洋管理领导小组主席。厦门市政府每年划拨 3 500 万元人民币（约美金 400 万元，按 2001 年的兑换率）给 XOFB 以及其他沿海和海洋有关的活动。

协调机制的建立促成了基于关键问题和实际能力的决策。实际评估后对整个系统有影响的主要是：生态、社会和经济部门。因为协调机制并不仅仅只是一层机构设置，厦门很早就采取了行动，有效地协调了部门间的职能和简化了不同机构间的运作。机构内工作的高效率实际上降低了提供服务的成本。

栏 9.2　八打雁省（菲律宾）ICM 机构建设

PEMSEA 在菲律宾的 Batangas 省建立的 ICM 示范点，最好的表明了一个起初依赖资金支持的项目是如何能通过努力实现自己持续发展的。八打雁湾是 14 个沿海和内陆城市的重要的社会经济资源。然而，城市快速的发展导致了环境退化。意识到需要采取新的管理方法，八打雁省政府与 PEMSEA 签署协议备忘录，并建立八打雁湾示范项目（BBDP），在快速发展的地区应用 ICM 方法。

省级政府设立的省级政府环境和自然资源办公室（PG - EN-RO；03 - 95）承担下放职能的自然资源与环境部，执行 BBDP。依靠政府预算和项目资金支持，PG - ENRO 展开了一系列的活动，以帮助提高环保意识、建立伙伴关系、发展综合的计划和建立本地 ICM 的能力。不到一年，八打雁地区环境保护委员会（BBREPC）代表国家机构、地方政府、私营部门、媒体、非政府组织和社区的利益相关者组织合法成立，将原来的伙伴关系和协商机制变成一个体制结构以便对冲突进行管理和协调，ICM 的工作是通过一个条例设立了用户收费系统，为资助环境活动筹集资金。

120

在项目结束时，BBDP 通过 PGENRO 和 BBREPC 被制度化。该项目从利益相关者团体中获得技术和资金支持来维持 ICM 执行。越来越多的志愿者活动，如"沿海清理"和达加"班陶伊特"（海监）表明，越来越多的利益相关者已经意识到他们的责任。该省现在正在全省推广 ICM 项目，执行并将 ICM 框架应用到巴拉央湾、帕哥帕斯湾、塔尔湾和纳苏格布湾。PG－ENRO 的稳定、伙伴关系的建立、利益相关者协商进程、人民参与和建立融资机制对 ICM 在八打雁体制化有帮助。

东亚海环境管理伙伴关系计划（PEMSEA）的其他 ICM 示范点同样正在争取将他们的项目协调委员会（PCCs）转化为常设的机构（栏9.3）。

3. 优先行动计划的执行为什么能建立信心以及吸引更多 ICM 参与者

ICM 开始执行首先是将海岸带战略执行计划（CSIP）/战略环境管理计划（SEMP）中具战略性的、具体目标转变为具体的行动，这些行动由各相关机构执行或由相关部门联合执行。这过程中可能涉及各种事务，像草拟有关的法规、条例；像制定能解决更多问题的政策，这些问题涉及海岸带功能区框架、行政许可系统、废弃物管理、生境保护和综合执法等等。其中一些活动可在 ICM 第一周期中实施，而其他的活动例如立法或者更复杂的行动计划将会在后续阶段或接下来的 ICM 周期中实施。

必须强调的是，海岸带战略执行计划（CSIP）中所确定的优先行动必须在 ICM 的第一周期中制定和实施。在第一个 ICM 周期中，通过处理关键的、需优先处理的问题以后，得到期望中的成果，海岸带管理人员为 ICM 的后续实施建立了基础。其后续影响是很明显的，将会鼓励更多的利益相关者参与，当地政府也会对 ICM 的项目有更大的投入。这样，在相关的政府机构间以及利益相关者之间建立了对前景的信心、互相信任，工作关系更加稳定。同时加强了对政治承诺的履行。

通过实施海岸带战略执行计划（CSIP）/战略环境管理计划（SEMP），可以达到政策和功能集成的目标。例如，加强当地法规条例的制定和实施。财政资源可以资助各项干预措施。海岸带功能区划方案的制订和实施也同样有利于政策的落实和功能的集成。

栏9.3　ICM 协调机制在地方一级的转型

巴丹，巴厘，岘港，南浦，西哈努克，和春武里的 ICM 协调机制是在地方政府首长直接负责下形成的，起初是项目协调委员会（PCCs）。ICM 项目执行过程，PCCs 转变成了长期的机制，像巴丹的协调理事会和岘港、西哈努克的持续发展理事会。

项目管理办公室（PMO）是 PCC 的执行机构，是协调机制的一个关键组成部分。PMOs 经常在项目更稳定时候转变。在岘港，岘港 ICM 项目组的 PMO 已经从科学技术局转移到环境自然与资源局，这是国家将 ICM 的操作和河流流域管理精简到环境保护署辖一个成立的司的政策结果。PMO 的转变促使了工作更有效（Chua，2006）。

只有考虑到了政党/政府的任期、商业和生态周期以后，才能有效地执行 ICM。海岸带战略的周期较长（大约 20～25 年），相比之下，ICM 周期更短（5 年）。理想情况下，项目持续时间应该减少到 3～5 年，与当地政府的工作计划周期保持一致。只有这样，才能为当地政府提供足够时间，以作出必要的机制和预算安排。依法制定的机制安排可以不受政治变化的影响。

在 ICM 执行中，项目管理办公室（PMO）与项目协调委员会（PCC）应该意识到：

1）满足政府和利益相关者的期望；

2）成果可以体现 ICM 的价值；

3）通过共同的愿景规划、目标和工作平台，协调部门间的利益；

4）识别并解决因财政资源分配不平衡，职员的变更，以及政治或机构领导人的更换而产生的冲突和问题。

项目活动必须及时执行，同时确保可根据工作计划和预算交付成果。随着经验的增长和项目的成熟，执行效率将不断提高。

4. 环境综合监测计划

初始的监测计划，作为长期环境综合监测计划的基础，应该在项目开发展阶段完成。长期环境综合监测计划在目前这个阶段的活动包括：

1）协助跟踪监测项目所在地区的环境条件；

2）评估管理措施和项目的成效；

3）为重新定位和重新审视海岸带战略执行计划（CSIP）/战略环境管理计划（SEMP），提供重要的信息；

4）有利于减少环境退化政策的制定。

正如在前面模块中所述，环境综合监测计划（IEMP）的目的是展示和促进跨部门（行业的）的持续监测计划，以支持环境管理与决策。厦门和八打雁都建立了海洋监测网络，这样优化了监测力量的使用、共享了资源、交换了方法、标准和结果，同时证明此方法最能节约成本。环境综合监测计划（IEMP）的结果就可以定期（每年或两年期）在海岸带状况报告中呈现了。

5. 海岸带功能区划

理想情况下，海岸带功能区划的实施及其与土地利用规划的并用实施在这个阶段也是一项关键的活动。在厦门功能区划的成功实施，其实在很大程度上现有海岸带功能区划实践和部门分区计划的集成，这点已经在以前模块中强调过了。与功能区划相配套的许可证制度是一个强大的法律工具，加强了区划的执行。要使分区计划得到实施，必须使其：

1）被地方政府采用；

2）通过获得本地法律条例的支持从而加强该区划；

3）得到利益相关者的接受和支持；

4）通过适当的执法机构和许可证发放系统执行。

6. 为什么 ICM 的实施需要有法律做支持

为了加强 ICM，尤其在执行行动计划时，地方条例和法律支持是必需的。表 9.1 是在 1994—1997 年间厦门市制定的 ICM 各种法律文件。栏 9.4 是八打雁为加强 SEMP 的实施而通过的地方条例。

在厦门，法律文件是在国家海洋法律体系内形成的，从不同机构中获得支持，并有助于解决资源利用冲突中获益。他们形成了一个跨部门的有效协调，科学决策，市场调节的平台。特别是处理厦门跨部门关切和海岸带多重利用问题的《厦门海域使用与管理条例》，它建立了部门间协调机制并对海洋功能区划的理论，以及厦门海域使用许可和收费制度做出了规定。

7. ICM 成功执行的必要因素有哪些

1）简洁周密的规划过程。如果制定的计划的人具有丰富的 ICM 知识和经验，规划过程可以是简短的。在制定 ICM 计划的过程中，要让当地政府和相关机构参与其中，以增加他们对 ICM 的主人公意识。

2）贴切实际的目标与清晰的工作计划。有清晰的工作计划和明确、贴切实际的目标将会使项目更容易执行。

3）适应当地的条件。项目应该适应当地的社会经济、文化、政治条件。

4）解决政府优先关切的问题。具体的项目中应该优先解决政府关注的问题，因为其能为 ICM 的执行提供经费。

5）清晰的制度安排。在项目的开始阶段，应该明确 ICM 执行过程中相关机构的作用和职能。如果没有在组织安排上清晰明确，经常会导致相互"扯皮"。

6）可持续的预算。即使项目活动已经日常化，也应该继续寻找项目执行经费。外来资金应该有政府匹配。政府拨款体现了其对 ICM 项目的承诺。大多数推荐的活动属于特定机构的管辖范围。因此，这些活动应集成到每个机构日常任务中，以便可以通过其预算体系提供相应的财政预算。

7）不同机构和部门间相互接纳。不同机构和部门间的相互接纳可减少组织冲突和预算的限制，使项目执行更顺畅。

表9.1　厦门海洋环境法律文书的制定

年	主要项目活动	法律文件
1994	• 督促地方政府履行承诺； • 公众宣传活动	• 环境保护条例
1995	• 建立综合管理委员会/办公室； • 准备环境管理计划； • 审核海洋法律和提议新的法规	• 沙滩、岩石和土壤资源的管理条例； • 航海管理条例； • 大屿岛白鹭自然保护区条例； • 关于为厦门造船厂新址迁移水产养殖的行政管理条例； • 加强捕捞海洋鳝鱼幼体行为管理的行政管理条例； • 水资源管理规范
1996	• 研究筼筜湖案例； • 评估废弃物管理中的问题； • 研究水产养殖的影响； • 建立综合监测系统	• 筼筜湖市政管理条例； • 促进城市景观美化和环境健康的地方管理条例； • 浅海和潮间带地区海水养殖的行政管理条例； • 海洋环境保护条例
1997	• 环境影响综合评价； • 制定功能区划； • 研究如何持续筹措资金的机制	• 海域使用条例； • 中华白海豚保护条例； • 旅游管理条例； • 厦门海域功能区划； • 厦门海域使用收费系统

来源：Chua et al，1999.

　　8）明确政府承诺。政府对 ICM 项目的认可水平需反映在机制安排和预算承诺上。为确保项目的执行效率，政府应确保各相关机构对项目的执行承诺。

8. 项目管理办公室在执行 ICM 项目中的作用是什么

　　ICM 主任应始终考虑到从 ICM 制定启动开始到项目制定完成的全过程中有利于项目执行的因素。管理者必须确保 ICM 计划一旦制定并通过了有关当局批准，包括具有协调职能的项目协调委员会（PCC），就要确保它正确而高效地执行和管理，以达到设定的目标和指标。

　　项目管理办公室（PMO），主要作用是促进协调机构或各部门实施需要多部门合作的具体行动。

ICM 计划中必须实施的管理行动有：

● 将重点从项目制定转移到项目执行，其中包括 PCC 与 PMO 作用的改变；项目执行的合理化；加强项目执行中的机构间的协调与合作；创建一个定期利益相关者协商机制和进展的监测、报告机制。

● 通过将 PCC 政府人员和预算结构从临时转为常规功能，完成 PCC 向 PMO 的转化，巩固协调机制的作用。

● 优先执行加强海岸带治理的行动，包括加强立法支持、能力建设、政策和职能的整合、科学咨询、信息管理和沟通。

● 优先执行改善环境的活动，包括促进和推动相关机构进行环境改善项目。

小 结

（1）当 ICM 计划制定完毕并通过审批，应得到正确并高效地实施和管理，以达到设定的目标和指标。

（2）ICM 实施的第一步，建立 ICM 项目执行的组织结构。这包括将基于项目的协调机制转化为常设的结构

（3）ICM 实施始于将 CSIP/SEMP 中的策略和具体目标转化为具体行动，由各相关机构或全体部门在协调办公室的领导下执行。

（4）至关重要的是 CSIP 中所确定的优先行动必须在第一个 ICM 循环中制定和执行。在第一个 ICM 周期，通过抓住与既定成果和预期成果相关的关键问题，海岸带管理者为后续的 ICM 奠定基础。

（5）为加强 ICM，尤其是加强执行行动计划，当地法规的支持和适当的立法是必要的。

（6）意识到有利于 ICM 成功实施的因素，将有助于提高其成功的水平。

评 估

学员将能够理解 ICM 项目有效实施的要求。

模块 10　ICM 项目的巩固与完善

简　介

本模块概述了 ICM 项目的完善过程，这一过程是基于利益相关者和绩效监测与评估结果的持续反馈。本模块强调，正是由于 ICM 项目的周期性本质，可对其方法进行改进，对其行动计划进行改善。在本模块中还把本地 ICM 项目的复制推广视为 ICM 项目前瞻性目标的一部分。

学时：1 小时。

目　标

在本模块的学习结束后，学员能够：

（1）解释适应性管理的原则是如何应用在 ICM 项目中的；

（2）描述监测和评价的结果是如何促进 ICM 项目完善的；

（3）解释海岸带状况（SOC）的报告是如何提高 ICM 项目的有效性和可持续性的；

（4）讨论 ICM 项目扩展的重要性和途径。

回　顾

人类各项活动管理的不确定性及其对复杂海岸带生态系统的影响，需要适应性的管理机制和项目完善机制。正如模块 2 所述，适应性管理是 ICM 项目的基本原则之一，与整合、协调和基于生态系统的管理共同构成 ICM 的实践基础。

在 ICM 项目的完善和巩固阶段，对利益相关者反馈的仔细评估以及监测评估过程的分析结果，为 ICM 项目下一周期的运行奠定了基础。基于先前实施阶段的经验所制定的行动方案的实施，标志着 ICM 项目进入了新的实施周期。因此，在该阶段为把 ICM 项目纳入地方政府发展规划中所做的准备工作至关重要。它不仅能确保 ICM 项目不会在该回合戛然而止，还可以通过这个过程逐步减少、缓和并控制人类活动所引发的环境风险。

随着 ICM 项目的实施，需要进一步提高其工作效率。有必要建立一报告机制以对项目的进展和与海岸带可持续发展的目标相关的成果进行监测。通过功能扩展或地理扩展以把更多的海岸带地区纳入到一综合规划及管理制度之下，是海岸带管理的下一个挑战。

讨 论

讨论将就以下内容展开。

（1）适应性管理原则在 ICM 实践中的应用；

（2）根据项目监管与评估的结果和利益相关者的反应，对 ICM 项目进行完善与巩固；

（3）ICM 项目的扩展。

1. 适应性管理的应用是如何完善 ICM 项目的实践过程的

适应性管理通常被认为是"边做边学"，它的基本前提是与资源及其管理体系相关的信息和知识很大程度上是不确定也不完整的，因此需要一种灵活的管理方式（图 10.1）。

适应性管理的基础是一个可重复的框架：计划—执行—评估—重复，这与国际标准化组织（ISO）的"策划—实施—检查—改进（PD-CA）"过程和 ICM 项目实施的周期过程相类似。如栏 10.1 所示，ICM 项目的主要活动大多采用国际标准化组织的 PACA 模式，所以把 ICM 和 ISO 的运行模式称为是适应性管理的模式合情合理。因此，适应性管理原则可以被应用到 ICM 的项目过程中以解决生态的不确定性与政治和管理环境的变化所引发的问题。以下方面可引起政治、管理环境的变化：

1）政策变化；

2）政治干预；

3）项目关键人员的人事变动与公众观点的变化；

4）利益相关者对管理干预的不同反应。

为应对这些变化，ICM 项目的实践者在制定合适的行政调整或管理调整时需要做好充分的准备。在 ICM 实施过程中，允许对一些由于没有明确重点或科学信息的不足未解决——或未完全解决——的事项进行重新考虑。这一适应性过程是 ICM 项目框架所允许的，也是 ICM 程序所支持的。

图 10.1 是 ICM 项目适应性管理的应用图，它以反馈环路为特征，可自发地调整策略、目的、管理行动、期望的成效和结果，以应对新的信息和/或条件、环境改变。

ICM 项目的适应性管理

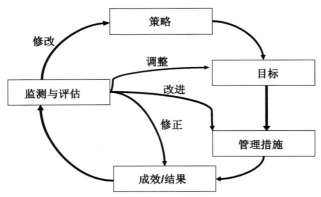

图 10.1　适应性管理在 ICM 项目中的应用
来源：PEMSEA 的 ICM 培训手册

适应性能力很大程度上依赖于 ICM 项目参与者的直觉、管理技巧和经验。虽然没有固定的模式和速成的规则，但若遵循以下方针可提高适应能力：

1）ICM 项目是由政府倡议发起的，需要在政府组织和机构中实施；

2）适应性变化的过程需要的时间很长，有时甚至会需要多于一年的时间，需要相当的耐心；

3）个人的性格和政治观点的冲突会引发许多敏感问题，这些问题的解决需要很高的政治敏感与人际交往技巧；

4）ICM 项目框架与过程需要有相当强的弹性以应对这些变化。

栏 10.2 为适应性管理机制在厦门、八打雁的 ICM 项目的制定与实施过程的应用。

2. 监测与评估过程是如何促进 ICM 项目的改进的

进行监测与评估（M & E）的目的是为了判断 ICM 项目的完成程度，确保及时地采取适当的干预以使一些项目与计划达到预定的目标。它可为金融与后勤保障的改进提供机会，还可以测定在给定的时间内发生的与设定目标有关的变化，并对输入/输出的效益进行评估。监测与评估机制还能检测出在效率与效力方面计划实施的优势与不足。

栏 10.1 ICM 和 ISO 有着相似的基本要求

ICM 的准备阶段对应于国际标准化组织 ISO 的估量过程。在该阶段，充足的人力资源与财政资源非常重要。ICM 的管理边界在一定程度上与 ISO 的范围和边界相关联。

ICM 的启动和发展阶段与 ISO 的规划阶段相对应。该阶段利益相关者的分析和政府部门的分析分别对应于 ISO 的顾客/公民方式和质量管理计划。ICM 注重的是沿海战略和特定问题行动计划的制定，而 ISO 注重策划服务的设计、实现与发展规划。

ICM 项目的采纳与执行阶段与 ISO 的进行阶段对应；其组织机制、协调机制、和法律机制则对应于 ISO 的责任、作用、资源和 ISO 地方政府的管理代表；这些相对应的概念均是两者管理体系的基础。ISO 在该阶段清楚强调了记录并控制内部交流的需要，这一过程也是对 ICM 项目是否符合一系列标准和 ISO 的认证指标的审查与确认。ICM 项目已认识到这 3 个过程的重要性，这在目前正在进行的 ICM 手册、经验和的影响的总结归档来工作中已能体现得出。

ICM 的监测与评估阶段等同于 ISO 的审查阶段。对 ICM 项目

性能指标的分析贯穿于 ICM 项目的这一阶段，而 ISO 则是审计和一致性分析。

ICM 的最后阶段——完善与巩固阶段——等同于 ISO 的行动阶段。两者的管理体系都注重该阶段中的审查过程，都有相应的修正机制。但对 ICM 而言，如果有必要或因推广 ICM 而需对这进行完善的话，则是对它的战略和行动计划进行修改（Chua, 2006）。

对 ICM 计划的实施水平进行评估时，要考虑两方面的因素：以项目过程为导向的短期目标和长期的可持续的目标。对项目的监测和对项目性能的周期性评估贯穿整个 ICM 周期（规划到执行）。在完善和巩固阶段，对 ICM 项目的修订不仅需要考虑监测与评估的结果、利益相关者的反馈，还要考虑它能否应对各种挑战（包括政策与行政变化、社会经济因素、消费、使用模式等）的应对。作为对监测评估结果的响应，对项目活动的改进完善是一个不断继续的过程。

海岸带状况报告是对监测评估机制的一个补充。因为它为海洋和海岸带环境状况的连续监测提供了框架和过程，在行动计划实施是否有效的监测中，海岸带状况报告提供了一个有效的反馈机制。是否有效益是通过由 ICM 的实施产生的环境、社会经济和管理方面的变化情况来体现的。

PEMSEA 实施的经验表明，一个 ICM 周期的完成需要五到十年的时间，这取决于地方政府的执行能力。然而随着执行能力的提高与可获资源数量的增多，现在一个 ICM 项目可在三年时间内制定并付诸实施。现和完成第一代 ICM 项目的时间机制相比，现在的变化已经是相当可观的了，然而由于 ICM 项目的社会经济效益与生态效益需要一个较长时间才能显现和量化，因此海岸带状况报告应是一想起持续性的工作。信息的更新与海岸带状况报告框架的完善应在第二轮 ICM 开始之前完成。

132

3. 依据监测与评估结果，哪些方面需要改进

由于大多数利益相关者最为关心的是 ICM 将如何改善环境条件，或促进海岸带可持续发展的实现，因此，监测和评估目标的实现可能会超过 ICM 的初始的实施周期。鉴于人类和生态系统对 ICM 项目反应的滞后性，监测和评估工作的可持续性尤为重要，这样便可在一个恰当的时间段上对发生的变化进行衡量与评估。因此，确保政府部门和非政府组织有能力进行长期的监测与评估工作，并利用从中获得的信息对 ICM 项目进行改进，这也是对一个能合理持续且实用有效的监测计划的高度重视，其结果能被政府和利益相关者用于做出管理响应。

在绝大多数情形下，依据项目的监测和评估结果，可对 ICM 项目在运作和战略层次上进行改善。然而，有时这些改进是为了应对政策与行政上的变化。

4. ICM 项目的运转及战略方面需要哪些改进

对于组织结构、作用过程，括协调机制、政策、法规、管理与执法、预算安排，人力资源和管理能力等这些运行层面上的事项，可对 ICM 项目的运转进行改进。

在战略层面，基于对项目影响（如生态变化、社会状态变化）的评价结果，可能要对 ICM 项目的目标与战略进行改进，这就需要对海岸带长期战略、海岸带战略实施计划/战略环境管理计划进行改进。当海岸带生态系统发生变化或 ICM 项目面临未知的管理挑战，如由消费方式和市场条件的变化引发一种新的多用途冲突时，有必要对海岸带战略实施计划/战略环境管理计划进行改进。

5. 在发生政治与行政变化时，ICM 项目需要哪些方面的改进

政治领导人的变化与行政变化，如政府重组或 ICM 项目的人事变动，都会影响到 ICM 项目的后续运作。然而这些变化也有可能成为完善 ICM 项目的机会。为保证 ICM 项目在有领导变动的情况下仍能继续运转，ICM 项目的参与者要对政治变化相当敏感，要符合新任领导人的关注焦点，在必要且合理的情况下需要对 ICM 项目的重点优先行动进行修改。

政府重组可能会给 ICM 项目的操作带来一些严重问题，领导阶层的改变可能会涉及预算的缩减，人力资源分配的减少，管理权力和责任的改变等等。另一方面，它同样也可能为 ICM 项目的扩展提供了机会，赋予 CM 项目框架更宽的管理职责权力，在更宽层次的意义上与多个管理当局合作，这会给项目带来更多的管理资源。为充分利用这

134

些机会，项目应该注意到需要改进的潜在领域。对于改进 ICM 项目的具体策略应当充分准备并及时提交给有关当局。

人员的变化同样也会对项目的运转产生重要的影响，资深人员的流失将意味着管理经验、知识和技术的流失。为防止这种情况的发生，需要不断开展能力建设方面的工作。对项目人员在案例学习中获得的知识和经验，进行归档并整理成文件资料，这样之后的人员可以从先前的实践中取经。项目管理者应当小心谨慎，以保证人员的变动不会打乱项目的执行过程和转移项目的重点及优先事项。根据项目的应变能力和利益相关者的影响作用，项目人员的新举措，项目可能会给项目带来大改善。

6. 为什么扩大 ICM 的开展范围

ICM 示范区就像一个"临界物质"或是一个网络端口，已经证实了实施 ICM 的可行性与效能。示范区可为那些有意愿实施 ICM 的地区提供实用可行的经验和知识。许多实践者把他们视作可推动和鼓励其他地区复制 ICM 计划的"杠杆"或"临界点"。只要多个地区成功实施了 ICM 计划，同时带动其他地区开展 ICM 计划，那么 ICM 计划产生的效益就可以成指数式的增长。

ICM 计划的扩展需要多方面的工作：

1）将一个地区的 ICM 计划和实施经验向其他海岸带地区传播。在此方面一个成功案例是将八打雁湾 ICM 计划的实践经验成功复制到巴拉央湾和该省西部地区其他海湾，即帕哥帕斯海湾，塔林海湾和纳苏格布海湾（图 10.2）。

2）当覆盖范围扩展到整个生态系统时，为解决跨界所引发的多种问题，可把对河流流域和汇水区域的管理与海岸带地区的管理有机结合在一起，以实现功能的扩展。在这方面厦门为我们提供了一非常好的范例。九龙江沿途流经多个市，在 ICM 项目在厦门市内实施了 10 年之后，厦门市现在已注意到九龙江上游居民区的污染物排放到海岸带水域和海滩所引发的跨界环境问题。为解决这一问题，厦门市协同其他相关城市在减少污染废弃物排放入河方面展开鼎力合作，并开始

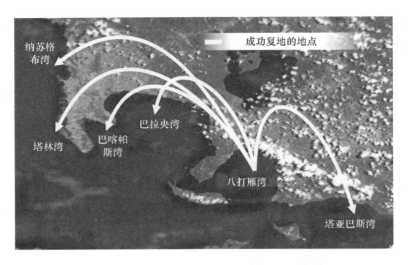

图 10.2　八打雁湾 ICM 项目在其他地区的推广

进行跨边界的汇水区域管理。

3）为加强扩大全国范围内的海岸带治理，需要制定相应的国家政策，以给予法律和制度方面的支持。在这方面一个成功案例是菲律宾总统签署的 533 号行政令。为确保该国海岸带和海洋环境与自然资源的可持续发展，该指令把 ICM 项目定为国家战略。

4）伙伴关系扩展可把战略伙伴（如捐助者、金融机构、国家政府、投资者、联合国和国际组织、商业部门/私营部门、非政府组织、学术界等）扩展到国家和地方各级，以支持地方政府实施 ICM 项目，并采取现场解决问题的方法来实施特定问题/领域行动计划。

栏 10.3　ICM 项目作为可持续发展的政策框架

2006 年 6 月 6 日菲律宾总统阿罗约签署了第 533 号行政令，该命令在菲律宾海岸带管理的历史上是一个重要的里程碑。它为支持可持续发展的 ICM 方案的有效实施提供了一个框架和运行方式，从而为更好的海岸带管理指明了方向。

该命令规定，ICM 方案将作为一个国家的管理政策框架被采纳，以确保该国沿海与海洋环境和资源的可持续发展。为了实现这一目标，ICM计划将在相关民间社会团体和非政府组织、学术界、企业和私营部门的参与下，由国家和地方重点机构在所有的沿海和海洋地区实施。它将处理相关流域，河口及湿地、沿海之间的相互关系。环境与自然资源部在与其他有关机构，部门和利益相关者协商后，将制定国家ICM计划，实施ICM的原则，战略和行动计划方案，并包括国家ICM的目标和国家ICM协调机制的建立。

为支持和加强ICM计划的实施，以过去的ICM实践的经验教训为基础，制定了具体的方案：将ICM融入小学和中学教育的课程，为地方政府机构制定ICM的培训计划，为规划ICM进行环境和自然资源的核算和评估，并建立和维持一个沿海和海洋环境信息管理系统。为了了解ICM计划的实施进展情况，DENR和地方政府部门将建立适当的报告制度。实施ICM的资金来自有关政府机构和地方政府、当地和国际赠款和捐款、贷款以及其他适当的融资计划。鼓励地方政府部门探索创新手段，提高收入和保障金（Chua，2006）。

为实现ICM项目的扩展，该项目必须具有可复制性。这样要求在规划项目时，需要将各项主要活动或项目构成都设计的具有可复制性。包括以下几个方面。

1）能力评估——对复制的供求方面进行评估。首先对成功复制的优先事项和前提条件进行评估；然后，有意向的地区要有合适且可复制的机制、技术或已在具体的项目中被证明是成功的实践。

2）沟通——加强意识建设、促进知识共享，以此来警示利益相关者关注环境问题、明确需要改进的方面和当地亟待开展的工作。知识共享是指将某个具体项目中的知识、革新、成功实践和技术加以推广应用。

3）发展伙伴关系——许多地方政府承诺为推广ICM提供财政支持，但是缺乏兑现承诺的能力和自信，更缺少治理环境的设施和服务。

伙伴关系的建立就为政府和非政府组织/机构的参与者，提供了针对利益相关者共同关心的问题，确定多方利益的活动和参与讨论的机会。当两个或多个实体同意在当前或新的 ICM 项目中共同执行一项或一系列的活动时，伙伴关系就成立了。

扩展策略包括：

1）通过鼓励设立平行示范点，加强国家和地区网络增加 ICM 示范点的数量，实施创新培训战略建立一个更大的 ICM 专家队伍。这类活动能使积累的知识发挥更好的影响作用；

2）通过解决跨边界问题来扩展项目。ICM 项目的功能扩展在横向上可超出所管问题的范围，在纵向上可跨越管理的层次。

小　结

（1）适应性管理原则可以应用在整个 ICM 过程中，来解决生态的不确定性和政治及管理条件变化引发的问题。

（2）对 ICM 项目的评估要从两个方面考虑：ICM 项目以过程为导向的短期目标和具有长期影响作用的可持续目标，

（3）监测与评估（M&E）是项目管理必不可少的工具之一。随着项目示范区利益相关者意识、理解和态度的加强，它能帮助管理人员和参与者进一步完善各项战略、目标、管理活动和预期成效与结果。

（4）海岸带状况报告是监测与评估过程的补充，它为海洋和海岸带环境现状的持续监测提供了所需的框架和过程，完善了 ICM 项目。

（5）在评估地方政府是否已达到 ICM 项目认证指标体系时，需要考虑 ICM 项目的执行能力是否满足 ICM 规范的要求，这些要求包括为支持 ICM 项目认证的获取计划而对能力建设和信息基础设施的投资。

（6）ICM 项目的扩展包括 ICM 实践的地理扩展、功能扩展、政策支持和伙伴关系的扩展。

评　估

学员能够解释适应性管理、监测与评估及 ICM 项目扩展的重要性。

单元 3　海岸带综合管理规范

单元 3 将主要讨论：

（1）基于海岸带可持续发展框架的 ICM 规范；

（2）经过成功实践的指标可作为指南，指导 ICM 实践者开展和实施他们的 ICM 项目。

通过对 ICM 或与其相关的环境项目进行初步评估的练习，能够使学员对正在执行项目的现状、优势和不足进行分析，指导他们如何制定和实施综合的 ICM 项目。

模块 11　海岸带综合管理规范和最佳实践指标介绍

简　介

本模块将对 ICM 规范的目的、目标、效益及其与国际质量管理和环境管理体系标准的关系进行论述。

学时：1 小时。

学习材料

分发材料 11.1　ICM 规范；

分发材料 11.2　抽样程序。

目　标

在本模块学习结束时，学员能够：

（1）讨论 ICM 规范在建立系统的海岸带综合管理项目中的作用；

（2）阐述 ICM 规范与其他国际标准的关系；

（3）讨论 ICM 规范在建立、实施和改进 ICM 系统中的效益；

（4）讨论 ICM 最佳实践的指标。

回　顾

单元 2（模块 4 至模块 10）对整个 ICM 周期及其各个阶段进行了讨论。单元 2 的目标是帮助参加培训的学员理解和领会 ICM 各个阶段的步骤、需求和成果。

讨　论

讨论主要分为 5 个部分：

（1）ICM 规范介绍；

（2）ICM 规范与国际标准的关系；

（3）ICM 规范的结构；

（4）采用 ICM 规范的效益；

（5）ICM 规范的指标。

1. 什么是 ICM 规范

ICM 规范旨在为地方政府提供一个系统的建立、实施和维持 ICM 项目的途径。同时，该规范也能为地方政府提供一个指南来衡量通过 ICM 实践来达到可持续发展目标的成效。

该规范反映了 ICM 系统的核心元素，即"管治"和"可持续发展"，这对于任何想建立、实施和改进 ICM 系统的地方政府都是适用的。

ICM 规范采用了过程途径，对改进地方政府的管治过程和可持续发展提出了最佳实践的方法。

2. ICM 最佳实践的目标是什么

ICM 规范的主要目标是协助地方政府将 ICM 作为一个"管理系统"来建立和实施（图 11.1），从而在实现指导当地利益相关者可持续发展目标的同时，保证管辖范围内海岸带和海洋资源的持续改善。

基于 ICM 规范中所提出的最佳实践，ICM 系统预期成果如下：

1）采用和实施整体性管理框架；

2）海岸带环境质量和海洋资源的持续改善以及海岸带社区居民生活水平的不断提高；

上述基于过程管理系统的模型阐述了 ISO 9001:2000 标准条款 4 到 8 的过程联系。该模型包含了 ISO 9001:2000 标准的所有需求，但是没有对过程进行详细说明。在 IWA 4 质量管理系统 – ISO 9001:2000 应用指南的附录 A 中提供了一些地方政府过程的典型案例；

3）通过合理利用资源和可持续发展经济，减少自然资源和栖息地的破坏和退化；

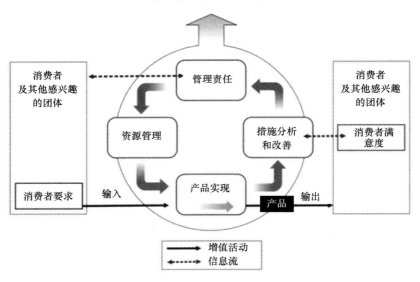

图 11.1　基于过程的质量管理系统模型

4）与相关国家的强制性规则与标准相一致，适用于国际惯例、规范和指南以及国际政府间组织和其他环境组织的标准。

3. ICM 规范与其他国际标准的关系是怎样的

ISO 9000 和 ISO14000 是由国际标准组织建立的被广泛接受的自愿国际标准。ISO 9000 系列质量管理系统标准（图 11.2）于 1987 年公布，目的是保证商业和政府组织对他们的客户（对于地方政府来讲，客户为利益相关者）提供质量可靠的产品和持续有效的服务。ISO 9000 的成功促进了 ISO 14000 系列环境管理系统标准的产生（图 11.3）。ISO 14000 的目标是通过实施一系列防止污染和确保遵守法律的行为来增强组织的环境成效。

ISO 9000 和 14 000 是一般性标准，适用于不同地理、文化和社会条件的所有组织类型。对于新千年，不同的组织和团体会采用这些一般性的标准来发展特定的行业规范和标准。这种趋势以及 ICM 实践的进展共同促进了 ICM 规范的发展。

与 ISO 标准类似，ICM 规范也同样适用于所有类型和大小的地方

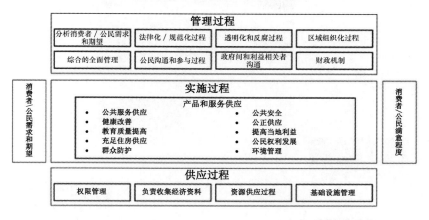

当地政府综合质量管理的典型进程

管理过程

分析消费者 / 公民需求和期望	法律化 / 规范化过程	透明化和反腐过程	区域组织化过程
综合的全面管理	公民沟通和参与过程	政府间和利益相关者沟通	财政机制

实施过程

产品和服务供应

- 公共服务供应
- 健康改善
- 教育质量提高
- 充足住房供应
- 群众防护

- 公共安全
- 公正供应
- 提高当地利益
- 公民权利发展
- 环境管理

消费者/公民需求和期望

消费者/公民满意程度

供应过程

权限管理	负责收集经济资料	资源供应过程	基础设施管理

图 11.2 地方政府执行 ISO 9001：2000 质量管理系统指南

政府部门（LGUs）。

由于 ICM 规范融合了 ISO 14001：2004 和 ISO 9001：2000 的核心管理要素，地方政府部门也具有加强他们环境管理系统和质量管理系统的能力，这与 ISO 14001：2004 和 ISO 9001：2000 的需求是一致的。当寻求 ISO 14001：2004 和 ISO 9001：2000 认证时，地方政府可以使用相同的管理系统，或者至少是基于 ICM 规范建立的"ICM 系统"的要素。

此外，ICM 规范还可以被用作实践指导来衡量 LGU 的日常运作是否符合良好质量和环境管理实践。

ISO 14001 确定了环境管理系统的特定需求，使各个组织和团体能够在考虑法律需求和本组织主旨的情况下建立和实施相关的政策和目标。图 11.3 展示了 ISO 14001 的方法流程。图 4.1 展示了地方政府在实施 ICM 应遵循的 ICM 项目流程。

4. ICM 规范包含了哪些内容

ICM 规范与海岸带可持续发展（SDCA）框架的结构是一致的，不同之处在于 ICM 规范提出了"管治"的最佳实践，并为"可持续发展"指出了措施。

ISO 14001: 2004 and ICM Code

图 11.3   ISO14001:2004 环境管理系统模型

第 1 节   概述了 ICM 规范，并介绍了其与国际标准的关系，规范的目标和应用。

第 2 节   ICM 系统的过程方法强调了如何管理地方政府的各种活动使其确保实现 ICM 系统的预期结果。

第 3 节   介绍了与 ICM 相关的术语和定义。

第 4 节   介绍了如何应用过程方法建立、实施和维持 ICM 系统的一些建议。

第 5 节   讨论了基于 SDCA 框架的有关"管治"的最佳实践。该节主要讨论了以下最佳实践内容：建立和实施 ICM 政策和战略；建立和运行 ICM 体制；落实相关法规的制定，确保有效的信息交流、公众意识及参与；建立维持 ICM 系统的财政机制；增强 ICM 系统工作人员的能力。

第 6 节   讨论了 ICM 系统可持续发展项目的规划、发展和实施过

144

程与控制。该节强调了 SDCA 框架中指出出的 5 个可持续发展方面的内容，同时也讨论了可持续发展的监测与评价的最佳实践。

5. 采用 ICM 规范的效益是什么

ICM 规范是建立在整个区域广泛应用且不断演变的最佳实践的基础上的产物。该规范能够为实现国家和国际可持续发展目标提供指导，也能为地方层面的管理活动提供帮助。

ICM 系统的成功建立与实施可以：

● 建立一个整合海洋与海岸带资源管理的系统方法；
● 使国家和区域 ICM 及其最佳实践得到推广和持续改进。

6. 海岸带综合管理系统（ICMS）的认证

ICM 规范的另一个效益是对地方政府 ICM 系统的认证。ICMS 认证系统是用于评估地方政府的 ICMS 是否达到了 ICM 规范的要求并得到了有效实施。ICMS 认证系统结构包括 3 个层次。

这个认证过程不同于以往是否符合国际标准这种确认模式，因为它的评价标准包含了对通过实施 ICMS 所取得的业绩成效和影响大小进行评估。

认证系统的 3 个阶段：

地方政府对 ICMS 的实施将由来自外部组织的成员来评估。这个评估包含 3 个阶段的识别：

过渡阶段：

地方政府部门采用可持续发展政策/战略和体制安排，初步建立 ICM 系统。

改革阶段：

地方政府部门实施和维持 ICM 系统。

持续阶段：

地方政府部门证明在环境管理成效中的持续改进。

7. 最佳实践的指标是什么

ICM 规范中所定义的"最佳实践"描述了在一个有效和可持续的

ICM 系统中所应该具有的核心元素。这样，地方政府部门就可以利用"最佳实践"来评估和进一步改进他们的 ICM 系统。

ICM 规范最佳实践总结：规划、发展、实施和维持 ICMS。

最佳实践：

● 建立、公文记录、实施和维持 ICM 系统，并不断增强它的效力；

● 地方政府证明其为建立和实施 ICMS 并持续增强其效力所承诺的义务以及所作出的努力。

一个成功的 ICM 系统的核心元素是 LGU 最高管理部门的承诺和领导以及利益相关者的积极参加。最高管理部门的领导职能对 ICMS 的成功具有重要作用，地方政府可以通过建立 ICM 政策、战略、目标和行动计划并保证其实施来证明其承诺的义务。

8. 海岸带管治

海岸带管治的最佳实践包括以下内容：

a. 建立和实施 ICM 政策和战略；

b. 建立和运行 ICM 的制度安排；

c. 落实地方立法；

d. 确保对公众的有效信息沟通和参与；

e. 建立财政机制来维持 ICM 系统的实施；

f. 增强为 ICM 的工作人员能力。

9. ICM 政策、战略与规划

最佳实践：

● 建立 ICM 政策，为综合的海洋与海岸带资源可持续发展提供指导；

● 建立综合的战略，为海岸带地区的多部门及机构间合作提供一个平台；

● 制定、采用和实施海岸带战略实施计划（CSIP），为海岸带战略提供一个中短期工作计划；

● 建立、采用和实施海岸带功能区划来调整和管理海域使用。

ICM 规范特别指出要建立 ICM 政策，以反映它的整体意图以及为实施海洋与海岸带资源可持续发展和环境管理的综合途径的活动提供指导。

ICM 规范还提出要建立和实施综合的海洋带管理战略。

10. 制度安排

最佳实践：

● 建立高级别的机构间多、部门协调机制，为政策制定、规划、实施以及 ICM 系统的监测与评估的合作提供服务；

● 建立一个协调办公室或项目管理办公室，负责协调不同政府部门在建立、维持和有效实施 ICM 系统中的各种活动；

● 确保实施 ICM 系统的预算和资源分配；

● 确定、记录和沟通 ICM 系统中相关人员的角色和责任；

● 对规划、建立和实施 ICM 系统的活动进行准备和记录；

● 实施和维持 ICM 系统的监测、分析、报告和不断改进。

ICM 规范在建立和实施 ICM 系统中采用了过程途径。采用过程途径的关键因子之一是建立相关的标准和方法（例如工作程序，工作指南和其他的相关文件），来确保过程途径的有效实施和控制，过程的监测与分析，以及为取得预期结果和过程的不断改善而采取的必要措施。这将有助于实现将 ICM 从一个疏于协调和记录，且高度依赖于经验管理的过程，转变为以过程控制为导向的、详细记录的和制度化管理的系统。

ICM 系统中所包含的重要文件包括：

a. 政策、战略、目标和行动计划；

b. ICM 系统手册；

c. 为有效规划、建立、实施和控制 ICM 系统而建立的必要工作程序；

d. 为证实 ICM 系统的有效实施和持续改进而进行的记录。

一旦 ICM 系统得到建立和实施，保证其按照原来的意图发挥作用是很有必要的。监测、衡量、分析、报告以及 ICM 系统的不断改进的目的都是为了系统的有效运行以及预期目标的实现和利益相关者的需求得到满足。这个过程包括监测和衡量，内部审核，修正和预防措施以及管理回顾。

11. 立　法

最佳实践：

● 建立和采用地方法规和条令，使 ICM 系统制度化。

12. 信息与公众意识

最佳实践：

● 传达 ICM 的预期目标与成果、使命、计划和 ICM 系统的成绩；

● 建立和维持一个沟通内部和外部信息系统来确保 ICM 系统的有效实施；

● 建立鼓励利益相关者积极参加的机制；

● 评价利益相关者观点与行为的改变，对取得的效益和造成的影响进行评估。

13. 财政机制

最佳实践：

● 将 ICM 资源管理纳入当地政府的规划和发展计划中；

● 形成和动员外部财政来源，并与国家法律相一致；

● 对利益相关者和公众公布预算计划和 ICM 系统的财政支出以及相关的成果和影响。

为必需的管理干涉行为、保持环境基础设施的改进以及维持和提升协调机制提供持续的资金来源，对于维持 ICM 系统的实施是非常必要的。

地方政府应该考虑以下财政机制的例子：

a. 通过正规的政府预算分配来合理地占有资源；

b. 实行使用费/税收制度；

c. 公共－私人合作伙伴制度；

d. 环境捐赠；

e. 滚动基金；

f. 收取服务费用的产品和服务。

当地政府部门应该与国家政府机构、捐赠人和/或私人部门建立伙伴关系，来实施 ICM 系统或相关的项目和行动计划。

14. 能力建设

最佳实践：

● 确定影响 ICM 系统实施工作人员的能力需求；

● 准备和提供相应的能力建设计划。

能力建设的目标是提高地方实施 ICM 计划的能力。它能够使当地的利益相关者具有积极参加规划和管理自己的自然资源的能力。这使他们产生了对项目的主人翁意识，同时也确保了项目的可持续性。参加 ICM 相关任务的人员需要具有实施 ICM 系统所必要的教育、培训、技能和经验。当地政府应该确定相关人员的能力需求并且提供必要的干预来加强人员实施 ICM 系统的技能和竞争力。

15. 可持续发展方面

最佳实践：

● 规划和建立相应的工作程序和控制步骤来解决可持续发展方面的问题。

当地政府部门关心的可持续发展问题，总体上主要包括 5 个方面，即

1）自然和人为危害的防止和管理；

2）栖息地保护、恢复和管理；

3）水资源利用和供给管理；

4）食品安全和生计管理；

5）减少污染和废弃物管理。

当地政府部门应该确保相应工作的有效实施来解决可持续发展问题，因为这关乎当地的发展状态。这个过程包括记录为了有效实施包含各个可持续发展方面所进行的管理的目标、过程和具体活动。

在促进可持续发展方面可采用持续改进周期（Plan – Do – Check – Act）的方法。

16. 可持续发展规划（Plan）

最佳实践：

● 确定利益相关者的需求和对可持续发展的期望值；

● 建立 ICM 系统覆盖范围内的海岸带状况背景资料；

● 危险识别并评估对 ICM 系统覆盖范围的重要影响；

● 在形成政策、决策和管理方案以及对优先级进行排序时，考虑环境风险评估的结果；

● 确定法律法规需求，对管理项目的实施提供支撑。

在进行规划时，要将利益相关者的需要和期望值与法律法规需求同时进行考虑。

建立 ICM 系统覆盖范围内的海岸带状况背景资料。这些状况资料包括人口、生物物理学特征、资源利用格局、社会经济状况、海洋与海岸带环境现状和立法与制度安排。ICM 系统的基线资料信息也可以通过准备海岸带状况报告而获得。

对 ICM 系统覆盖范围可能会造成重要影响的危险进行识别并进行环境风险评估。

17. 实施战略行动计划（Do）

最佳实践：

● 规划、建立和实施一系列项目，来解决 ICM 系统覆盖范围内的可持续发展问题。

有关可持续发展的项目包括：

a. 管理规划，包括目标、战略和时间表；

b. 人员分配，包括为达到目标而进行的责任任命；

c. 资源分配，包括基础设施、设备、预算或为支持可持续发展项目的实施所必需的财政机制；

d. 为促进行动计划的持续实施所建立的制度机制；

e. 监测和报告项目的实施、成效和目标达到情况；

f. 建立和实施项目所进行的文件归档的详细说明。

18. 监测和评估战略行动计划（Check）

最佳实践：

● 对 ICM 系统所覆盖区域有重要影响的可持续发展项目，定期监测和评估管理项目的实施进展情况。

监测包括信息收集，例如一段时间内的观测和测量，可以是定量的也可以是定性的。观测和测量可以在 ICM 系统中服务于多重目标，例如：

a. 跟踪 ICM 政策、目标的实现过程；

b. 对每一个相关的管理项目，评估过程和过程控制的成效；

c. 评估整个 ICM 系统的实施情况。

对监测项目的结果进行分析，识别出项目成功的地方以及需要修正或改进的方面。

19. 战略行动计划的持续改进（Act）

最佳实践：

● 按规划的间隔时间，定期对战略行动计划的有效性进行回顾，以确保可持续发展规划的持续性和有效性。

"规划—实施—监测与评估—持续改进"周期性活动促进了可持续发展项目的持续改进。这可以通过评估项目的结果、成绩与影响以及改进项目的目标、途径和活动来实施。海岸带战略、海岸带战略实施计划及其运行机制（例如，制度建立，财政机制，人力资源和管理能力）也可以通过具体的实施情况和利益相关者的反馈而进行改进和完善。

海岸带状态（SOC）报告应该整合项目取得的成绩以及结果的改

变，来不断更新。当达到这个阶段时，新一轮的 ICM 项目周期可以启动了。

20. 综合（Synthesis）

ICM 实践已经通过不断的成长和演变发展到了今天的地步。但是，为了更加的切合主题，ICM 实践需要合并其他的机制来使过程更加"完整"。许多 ICM 实践自身特征包括管治和战略行动计划实施需要被标准化或者规范化，以增强 ICM 的结果的可预测性和可衡量性。ICM 规范提供了一种实施和维持海岸带综合管理项目的系统途径。

评 估

参加培训的人员能够讨论 ICM 规范在建立一个系统的 ICM 项目中的作用。

模块 12　海岸带综合管理项目的初步评估

简　介

模块 12 指导我们如何对特定区域的 ICM 实施情况进行快速评估。在 ICM 规范的指导下，评估清单能够帮助学员熟悉海岸带综合管理的重要因素。

学时：2 小时。

学习材料

● 讲义 12.1　ICM 评估清单。

目　标

通过本模块的学习，学员能够达到以下目标：

（1）熟悉 ICM 评估清单以及海岸带综合管理项目的重要组成要素。

（2）对自己所在区域的 ICM 要素现状或差距形成一个快速评价。

说　明

（1）浏览 ICM 清单，确认理解每一个 ICM 要素。如果有不清楚的地方，可以提出疑问。

（2）将 ICM 清单应用于学员所在的区域进行练习，时间为 1 小时。

（3）1 小时以后，可以进行自由提问和解答。

（4）请注意，练习的结果将被应用于接下来的其他练习中。

表 12.1 ICM 评估清单

ICM 最佳实践	是	否	记录
1. ICM 协调机制			
阶段 1：机制建立和定期会议			
是否存在 ICM 协调机制			
是否有政府和部门利益的代表			
是否包含高层政治阶层			
协调机制是否定期召开会议			
是否形成会议纪要			
阶段 2：机制制度化和有效性			
是否存在地方法律或行政命令确立多部门机制，包括其组成和职责			
协调机制是否对有关 CSIP 实施的工作计划和预算进行了审查			
协调机制是否对 CSIP 的实施情况进行了审查和评估			
协调机制是否为改进 CSIP 的实施提供了建议			
阶段 3：沿岸资源和社区的可持续发展			
协调机制的建议和决定是否纳入了当地政府对海洋和海岸带资源管理的政策和项目中			
协调委员会的决定是否会对海洋和海岸带资源可持续发展的工作产生变化或决策			
2. ICM 项目办公室			
阶段 1：ICM 办公室的建立与运行			
当地是否成立了 ICM 办公室，来协调多部门之间有关 ICM 规划、发展和实施的活动			
是否为办公室招聘或指派了工作人员			
工作人员是否经过了 ICM 培训			
ICM 办公室有没有为 ICM 发展和实施制定年度工作计划和预算			
阶段 2：ICM 办公室是否编入政府办公室			

154

ICM 最佳实践	是	否	记录
是否为地方政府办公室指派了常务和称职的工作人员，并为 ICM 项目的实施提供运行经费			
是否具有监测计划来提供海岸带区域项目进展和所取得成绩方面的信息			
是否提供培训计划来增强当地利益相关者实施 ICM 的能力			
阶段 3：ICM 办公室对 CSIP 工作项目的有效协调与监测			
是否建立了集中数据库来有效的记录、存储和分析 ICM 边界内的有关社会、经济和生态特征和变化趋势			
ICM 办公室是否对利益相关者各自的海岸带管理计划的实施情况进行了监测、评估与整合			
是否对 ICM 项目的进展、成绩和问题情况形成年度报告			
3. 工作计划、预算和财政			
阶段 1：年度工作计划和预算分配			
当地政府是否通过了 ICM 发展和实施的工作计划与预算			
阶段 2：当地政府对资源和年度预算进行分配，解决 CSIP 中确定的优先风险，并对其进行监测与评估			
当地政府是否对资源和年度预算进行了分配，解决 CSIP 中确定的优先风险，对其进行监测与评估，并实施了海洋和海岸带资源的政策和法规			
是否建立了相关机制对 ICM 及相关活动的预算分配和支出情况进行年度跟踪和审核			
阶段 3：持续财政			
地方政府是否建立了经济手段（例如，使用费，许可证制度，PPP，罚款，税收）来产生收益从而支持海岸带地区的可持续发展			
是否有来自其他利益相关者的外部资金来源支持 ICM 项目目标的实现			
4. 海岸带状态（SOC）			

ICM 最佳实践	是	否	记录
阶段 1：SOC 基线报告海岸带剖面编写			
SOC 基线报告是否已完成，包括了 ICM 区域现有的社会、经济和生态状况			
是否将 SOC 基线信息用于优先问题或高风险区域的识别			
SOC 准备过程是否有受关注部门利益相关者的参与			
阶段 2：SOC 报告编写完毕，指出与基线报告情况相比海岸带地区出现的变化			
是否已经列出主要的绩效指标（例如，社会、生态、经济）来评估衡量进展和决策			
监测计划是否依据主要绩效指标为评估生物物理和社会经济条件提供了信息			
SOC 报告是否对现状与基线状况进行了比较			
阶段 3：SOC 报告系统的建立与运行			
地方政府是否采用了 SOC 报告系统或者类似的系统			
SOC 是否定期编写			
地方政府是否将 SOC 作为科学和可靠的信息源用于 ICM 项目的评估与改进			
SOC 报告是否发放给相关的利益相关者，为项目达到的目标的进展情况和海岸带状态的改变提供信息			
5. 利益相关者的参与			
阶段 1：利益相关者的确认与咨询			
是否告知、咨询了多部门的利益相关者，并使其参与 ICM 项目的规划和发展			
多部门的利益相关者是否参与了协调机制			
是否建立了信息交流计划，使 ICM 项目在不同部门间得到广泛认识和理解			
阶段 2：利益相关者的参与			
是否为利益相关者参与 ICM 项目实施的决策提供适当的机制			

ICM 最佳实践	是	否	记录
关键的利益相关者团体是否参与了公众意识和教育项目			
主要的利益相关者是否积极参与了减轻环境压力的 ICM 项目活动			
阶段 3：利益相关者的满意度			
是否建立了调查或其他反馈机制来定期评估利益相关者对 ICM 项目的意识或满意程度			
利益相关者是否能感到，当地政府在规划、发展和管理海洋和海岸带时，他们的观点和关切会得到考虑			
利益相关者是否感受到 ICM 项目的积极成果			
6. 海岸带战略			
阶段 1：海岸带战略的制定			
是否制定了海岸带战略，为海岸带的发展与管理提供愿景和战略导向			
是否完成了多年的海岸带战略实施计划（CSIP）或其他类似的计划来阐述为了达到海岸带战略的优先目标而采取的具体行动			
海岸带战略和 CSIP 是否通过多部门参与的途径制定的			
阶段 2：CSIP 实施			
地方政府是否采用了海岸带战略和 CSIP			
是否制定了海岸带功能区划			
CSIP 的优先行动是否被纳入相关政府机构和利益相关者的工作计划和预算中			
是否建立了相关的政策、立法和执法程序，并将其应用于可持续发展方面			
阶段 3：ICM 的可持续性与推广			
当地的发展投资计划是否与海岸带战略和行动计划相一致			
海岸带功能区划是否经当地的法律或法令加以通过			
是否建立、实施了规定和市场调节手段，ICM 的目标主要由明确且可执行的法律基础的来支持			

ICM 最佳实践	是	否	记录
是否通过将海岸带管理与汇水区域和回流流域的管理结合起来面对 ICM 计划进行了推广			
ICM 的实施是否纳入了政府政策、立法和相关的项目			
是否建立了地方和国家层面上的战略伙伴关系来维持和增强 ICM 项目的有效性			
7. 可持续发展方面			
阶段 1：规划和启动至少两个方面的可持续发展行动			
是否已完成了 5 个可持续发展方面中的 2 个方面的管理计划			
经过培训的人员是否已分配用于执行管理规划			
是否给每个计划都分配了年度预算			
是否已开展行动来实施管理计划			
阶段 2：至少实施 3 个方面可持续发展最佳实践且取得成功（至少持续 3 年）			
是否在优先/高风险区域实施了管理计规划			
是否开展了监测与评估项目			
是否有充足的科学结果显示压力减少			
是否存在由相应干预措施而产生的可测量的环境压力的减少			
阶段 3：通过管理干扰/响应实现社会、经济和生态的可持续收益			
对可持续发展 5 个方面的管理计划的实施是否取得了减轻压力的可测量的成就			
是否在一个或多个管理计划中取得了预定生态、社会、经济影响目标方面的可测量的成就？具体在哪方面			
为了解决海岸带地区可持续发展方面新的或变化后的状况以及利益相关者的需求的变化，是否对管理计划进行了评估与更新			

单元 4 实地考察

本单元中参加培训的人员将考察前面模块中介绍的原则、框架和概念的实际应用。

本单元将为参加培训的人员提供一个场所，使其从 ICM 项目实施者那里得到第一手信息，观察 ICM 管治系统和可持续发展项目的基本实施过程和活动。

模块 13 海岸带综合管理实地考察

简 介

通过给参加培训人员提供一个实地考察 ICM 实施地的机会，对前面讨论的内容进行回顾，与利益相关者进行互动，观察 SDCA 框架的不同组成部分以及 ICM 的各个要素在一个 ICM 实施地是如何被应用的。

课时：1 天。

目 标

经过实地考察后，参加培训的人员应该达到以下目标：

（1）了解 SDCA 框架的各个关键组成部分（包括海岸带管治和可持续发展）是如何通过 ICM 过程而建立和发展起来的；

（2）认识到海岸带管理的复杂性和风险评估、战略规划、协调机制的重要性；

（3）描述 ICM 要素如何在 ICM 实施地进行应用；

（4）应用前面单元中学习的原理，列举实地考察中所观察到的最佳实践和教训。

总体评论

管治的 6 个要素体现了各种管理行为，使确保 ICM 项目成功实施的各种机制和可持续措施得以发挥作用。这些要素通过 ICM 框架和过程得到加强。

需要同时注意的是，在 ICM 的整个建立和实施过程中，利益相关者的咨询与参与、科学支持、有效沟通以及监测与评估是非常重要的。

尽管 SDCA 框架的各个可持续发展发面都是重要的组成部分，它们在相关机构的实施程度是不同的，在管理层次和强度方面付出的努力，取决于当地政府对优先级的排序。另一方面，ICM 项目的影响显著依赖于这些关键要素的实施情况。

实地考察

本课程的实地考察需要 1 天时间。

由于时间限制，本课程只能对一个地点进行考察。栏 13.1 ～ 栏 13.3 提供了不同 ICM 实施地的情况介绍。

1. 重点领域

在实地考察中，培训人员可以获得与包括利益相关者在内的项目实施人员的互动机会，来确定 SDCA 框架的不同组成部分是如何实施的以及理解 ICM 的不同要素是如何应用的。

实地考察主要关注于取得 ICM 最佳实践的领域。

参加培训人员应该事先准备一些指导性的问题，使他们能够认识到 ICM 实施中取得的主要成就、最佳实践以及教训，这些问题根据以下内容提出：

- 过程；
- 挑战；
- 收益；
- 可持续性；
- 前景。

实地考察可以使参加培训人员与项目实施人员进行直接交流来获取第一手经验，并且作为建立网络或者与 ICM 管理者进行公开交流的第一步。其他的利益相关者将被邀请参加讨论，他们获取那里对 ICM 项目正反两面的反应以及 ICM 对他们社区的影响。

在介绍/引入一个关注区域之前，首先举办一个公开论坛，之后进行社区项目地点的实地考察来验证讨论的内容。项目实施地点可以包括海洋保护区、红树林重建区、生计中心、废弃物循环中心、围填海地区和功能区划等。实地考察活动也可以与 PCC 会议或者社区活动同时进行（例如，河流/潟湖/海岸带清理，贝类底播，植树和海龟放生等）。

栏 13.1　八打雁 ICM 项目概况与重点领域

I . 八打雁 ICM 项目概况

菲律宾的八打雁省位于吕宋岛西南边缘，包含 3 个主要的海湾：八打雁湾、巴拉央湾和塔亚巴斯湾。八打雁湾位于八打雁省的南部。它周边有 12 个自治区和 2 个城市的水汇入该湾。

八打雁湾地区是菲律宾的主要航运中心，也是重要工业分布区包括石油化工和炼油公司如菲律宾壳牌、菲律宾德士古、佩特龙公司。主要的发电厂也分布于该区域。沿岸居民大约有 50 万。

八打雁湾的 ICM 项目已经实施了 10 年，取得的主要成就如下：

● 项目协调机制的制度化——八打雁湾区域环境保护委员会（BBREPC）作为多部门协调平台为八打雁湾区域环境管理战略提供政策指导。随着 ICM 的推广，委员会扩展到包含邻近的两个海湾（巴拉央湾和塔亚巴斯湾）。委员会现在更名为八打雁环境保护综合委员会。

● 领导协调实体的制度化——委托省级环境和自然资源办公室（PG－ENRO）来协调和整合八打雁地区不同利益相关者管理项目的实施；

● 通过采用八打雁湾环境管理计划（SEMP）（1996 年），实现政策与功能整合。采用的几种途径包括加强地方法规和建立八打雁湾海域使用功能区划等。2007 年对 SEMP 进行了修订，将邻近的两个海湾巴拉央湾和塔亚巴斯湾纳入管理计划。

● 建立了由国家和地方政府部门、私人企业以及学术机构共同参与的综合环境监测计划。该计划已经在采用统一和标准的取样和分析方法中发挥了作用。

● 在 ICM 实施过程中强化私人部门的参与。八打雁海岸带资源管理基金会作为主要的合作伙伴，承担了多项活动来支持八打雁的 ICM 计划；

- ● 通过开展积极的公众意识活动，在利益相关者和其他成员中建立高水平的环境意识；
- ● 通过在八打雁湾实施 ICM 计划中得到的最佳实践和教训，将 ICM 计划推广至其他邻近海湾，巴拉央湾和塔亚巴斯湾。

Ⅱ. 重点领域

私人部门（BCRMF）在八打雁计划中的角色

- ● 私人部门参与环境管理；
- ● 基于社区的活动来支持八打雁的 ICM 计划，例如增加珊瑚礁、建立渔业保护区、红树林重建与维护；
- ● 考察有 First Gas 或其他私人部门环境活动建立的红树林区。

污染管理的最佳实践：八打雁湾地区的环境合作经验

- ● 通过回收减少固体废弃物

通过实行使用费而取得的可持续财政的最佳实践：马比尼经验

- ● 市级层面的海岸带管理和实行保护收费的制度

提出指导性问题来帮助参加培训人员的信息收集。这些问题按 SDCA 框架结构被分为以下几类：

A. 管治要素

政策，战略与计划

1）识别出已有的与海岸带发展和管理相关的政策、战略与行动计划。明确这些计划是否已在省级或市级层面上实行。列出采用计划的城市名单。

2）对计划所采取的监测和评估活动进行描述，例如评估频率和更新计划。

栏 13.2　巴丹 ICM 计划概况与重点领域

I.巴丹 ICM 计划概况

巴丹位于中国南海和马尼拉湾之间，是一个具有战略意义的半岛。巴丹具有 12 个城市，其中 11 个为海岸带城市，其中 9 个位于巴丹 - 马尼拉湾海岸线，2 个位于马丹—中国南海海岸线上。该省的海岸线总长约为 177 km。

巴丹省是巴丹自然公园（BNP）的所在地，拥有 6 个主要的水系，即：［Marong 河水系、Almacen 水系、Talisay 水系、Bagac 水系、Sutuin 水系和 Bayandati 水系。］这些水系是保护区周围社区工业、农业以及生活用水的主要地下水和地表水来源。巴丹东部（马尼拉湾一侧）和西部海岸带（中国南海一侧）地势较低区域的农业区从起源于 BNP 的地表水中取水灌溉。

各个 ICM 计划利益相关者认为巴丹的主要环境问题是：

● 陆源活动污染；

● 栖息地和资源退化；

● 过渡捕捞和破坏性捕捞；

● 溢油和其他海污染源；

● 盐碱化和地面沉降；

● 多部门资源利用矛盾；

● 跨界问题。

● 巴丹省是 ICM 计划中公私合营伙伴关系（PPP）实施的典型区域。18 个地方企业共同组成了巴丹海岸关怀基金会（BC-CF）。他们与省政府和相关的市政府合伙建立和实施 ICM 计划。基金会提供部分财政资助用于 ICM 计划管理办公室的运行，巴丹海岸带管理委员会的建立以及行动计划的实施例如红树林生态恢复、贻贝养殖生计计划。私人部门的重要贡献包括动物资源的稳定化，管理方法和技术的共享。在 2 年的时间里，巴丹获得了多个国家和国际奖项以表彰其良好的管治。

制度安排

1. 识别出区域的制度机制，包括 ICM 实施的组织结构。明确制度机制的情况（例如列出具体的立法/条例）。

2. 描述制度机制的强项和缺陷（例如，代表了所有相关部门，相关部门的参与是可持续的；会议/决策论坛的举行频率以及各部门参加会议的人员级别）。

栏 13.3　厦门 ICM 计划概况与重点领域

Ⅰ. 厦门 ICM 计划概况

厦门位于中国福建省南部，台湾海峡西侧，由 6 个区（开元区、思明区、鼓浪屿、湖里区、集美区、杏林区）和一个县（同安县）组成，总人口约 270 万（2004 年），海岸线和海域面积分别为 234 km 和 340 km^2。

厦门经济发展迅速，已经成为外商投资的重要区域。海岸带地区的主要经济活动包括捕鱼业、海水养殖、滨海旅游、制造业、港口建设等。

厦门市政府的 ICM 计划实施 10 年来，取得的主要成就如下：

a. 实施了能力建设活动，以增强厦门市政府以及 ICM 计划所涉及部门的海岸带规划和管理的能力。

b. 环境资料和战略环境管理规划的制定，为各项后续行动计划的成功实施提供了蓝本（blueprint）。

c. 为海岸带管理建立了多部门协调机制。

d. 形成了海岸带综合管理的立法框架。

e. 建立了海洋功能区划制度来减少多部门用海冲突。

f. 建立了环境监测计划。

g. 建立了科学支撑和政策咨询结构。

Ⅱ. 重点领域

筼当湖清理行动

● 突出成就包括：水质改善，污水处理收入；地价升级；收入超过了清理费用；投资增加；该区域成为厦门市国内和国际投资中心，旅游业增加，居民区建设得到发展。

污水处理

● 参观污水处理厂。

鼓浪屿与 ISO 14001：

● 参观鼓浪屿，突出为取得 ISO 认证付出的努力。

沙滩管理和海岸带景观美化：

● 改善路况来保护海岸线。

厦门西部海域：解决了多部门用海冲突和保护问题

● 重点参观自然保护区和如何解决了航运和海水养殖之间的矛盾。

166

立 法

1. 确定现有的省级/市级的相关立法

● ICM 或海岸带管理；

● 海洋保护区，栖息地和其他海洋环境立法；

● 海洋或海岸带功能区划；

● 对渔业、采矿和其他挖掘作业限定发放许可证的立法；

● 对与污染相关的活动限定发放许可证的立法；

● 对在海岸带地区设施建设（包括水产养殖设施）限定发放许可证的立法；

● 对船舶废弃物排放限定发放许可证的立法；

● 与环境或栖息地相关的国际公约。

信息和公众意识

1. 确认是否存在交流计划。确定交流计划的目标群体以及为每个目标群体采用的 IEC（信息、教育、交流）方法。确定所使用的交流途径（例如，互联网、印刷品、无线广播、电视、公众论坛等）。

2. 确定社区人员参与活动以及不同利益相关者的水平参与（来自政府机构、私人机构、学术部门、非政府组织、民间社会团体）。

可持续财政

确定海岸带管理活动的财政来源

● 常规政府拨款；

● 公共部门的环境支出（环境使用费），用于环境计划的收入分配比例；

● 私人部门对海岸带管理活动的贡献；

● 政府/公众/私人对环境基础设施的投资。

能力建设

1. 确定是否已经建立了能力建设计划，作为 ICM 计划的一部分。

2. 确定是否对项目地区的人员开展了有关海岸带管理的培训和各类人员受培训的人数。相关培训包括以下方面：

● 海岸带综合管理；

● 海岸带战略的建立与实施；

● 海岸带功能区划；

● 海岸带政策和制度安排；

● 交流计划和利益相关者的动员；

● 环境与资源评估；

● 环境风险评估；

● 灾害管理与预防；

● 综合环境监测；

● 综合信息管理；

● 成效评估；

● 项目规划、建立与管理；

● 废弃物管理与污染控制；

● 其他。

3. 能力建设不足之处的分析，确定不同部门包括 NGOs、私人部门等的培训需求。

B. 战略行动计划或可持续发展方面

自然和人为灾害的预防与管理

1）地方的主要灾害是什么？

2）确定有效的数据来源（例如，环境概况和其他环境评估）。

3）是否存在灾害应急计划或预案来应对或减轻潜在的突发状况？如果存在，请提供细节：资源，应急队伍等。

栖息地保护、恢复与管理

1）地方是否进行了海洋与海岸带资源评估？如果有，从哪里可以得到相应的信息？

2）是否存在由地方政府、当地社区或其他组织实施的栖息地保护与管理计划？具体有哪些计划？如果可能的话，请提供具体信息：计划实施的时间轴、资源分配、涉及的机构与组织、支持机制和实施方法，覆盖的范围等。

水资源利用、供给与管理

1）当地的水源是什么？

2）是否存在水资源利用、供给与管理方面的问题？具体是什么？

3）当地政府或其他组织是否制订了水资源供给、利用或管理的计划，例如水资源循环利用和其他保护措施以及累进收费供水系统和改进的技术入，海水淡化等，来增加水资源的供给？如果有，请提供具体信息：计划名称、时间轴、资源分配、相关的机构和组织、支持机制和实施方法及覆盖的范围等。

食品安全与生计

1）当地主要的食物来源和生计是什么？

2）当地政府、社区和其他组织成员是否制订了相关计划，通过打击非法捕捞、实行捕捞配额、渔具规格管理、禁渔期以及实施负责任渔业的 FAO 规范来促进可持续渔业。如果有，请提供具体信息：计划名称，目标群体，受益人的数量，区域，实施时间，资源分配，相关的机构和组织，支持机制和实施方法，覆盖的范围等。

污染减轻与废弃物管理

1）当地是否存在废弃物来源、种类和产生数量的信息？这些信息是否容易获得？确定数据来源。

2）当地政府、社会和其他组织成员是否制定了污染减轻和废弃物管理计划？如果有，请提供具体信息：计划与战略名称，实施时间，资源分配，相关的机构和组织，支持机制和实施方法，覆盖的范围等。

2. 报告编写与验证

参加培训人员将从实地考察中收集的数据和信息进行整合，准备一个总结报告。总结中将包括应用 SOC 的潜在困难。

在此之后需要举行一次讨论会，来分享实地考察中获取的信息经验和看法。

3. 听取汇报

汇报上将讨论实地考察中获得的主要认识。这个过程将进一步提炼参加人员所获得的信息、知识。

单元 5　海岸带综合管理项目编制准备工作研讨

　　本单元讨论如何让学员准备 ICM 项目的制定。对 ICM 周期第一阶段的内容进行回顾，核实他们各自所在地区和第一阶段的任务和成果还有什么差距。本单元还将培养学员熟悉这个阶段的任务，如建立管理机制，设置一个 ICM 项目的范围和边界，规定实施的路线图等。

1. ICM 周期准备阶段的回顾

回顾本课程模块 5（ICM 项目的准备阶段）。可以做一个简单的讨论与分享，或者开展以下活动：

作为一次回顾分析，请注意以下事情：

1）分组。5～6 人/组。

2）每个小组坐在一起并选出一名代表。

3）由每个组选出的代表组成一个评判小组，并为他们提供 3 张牌，牌面数字为 1～3。选出的代表们从现在起不再属于他们来自的小组，而是形成一个评判小组负责对每组答案进行评判和评分。

4）每个组的组员分配一个号码（1～5）。这些号码将要被叫到，并回答提出的问题。（另一种方法是由每个组决定谁来回答某一特定问题，但是一个成员只能回答一次。）

5）当一个号码被叫到时，所有持有相应号码的组员出列，并回答同一个问题。其他成员们暂时回避，直到他（她）被叫到回答问题。当所有成员都回答了问题，裁判组通过手中的卡片给回答问题的成员打分（3 分最高，1 分最低）。

6）所有成员都被问过问题或所有问题都被问完后统计各组分数，得分最高的组获胜。

7）可以使用 5～10 分钟时间来提问和讨论。

2. 差距分析

基于 ICM 周期这个阶段的任务和成果，就完成这一阶段的任务和成果，对你所在区域的状况做一个快速评估。

用 10 分钟时间对照准备阶段任务和成果的列表（见表格 1），另有 20 分钟用于提问、说明和讨论。

这些表格还将被用于接下来的研讨以及行动计划会议。

3. 研讨

差距分析之后，进入模块 14：建立海岸带综合管理项目管理机制和模块；模块 15：制定海岸带综合管理项目工作计划和预算编制。

表格 1　任务和成果清单

姓名：

国家：

项目所在地：

任务/成果	已有的	替代的（等效的）	状态
ICM 项目协调机制			
项目管理办公室（PMO）			
项目协调委员会			
项目成员			
技术工作/咨询小组			
项目管理范围的界定			
项目工作计划			
预算			
可用资金和其他行政资源的安排			
利益相关者咨询			
ICM 成员培训			
监测和评估系统			
评估海岸带状况报告的需求（或等效）			

模块 14　建立海岸带综合管理项目管理机制的研讨

简　介

本研讨给学员提供建立管理机制的过程，其中包括建立项目管理办公室（PMO）、项目协调委员会（PCC）和技术工作/咨询小组。

学时：3 小时。

学习材料

任务和成果清单（表格 1）；

表格 2a：ICM 项目管理机制；

表格 2b：利益相关者分析；

表格 3：建立项目管理机制的行动计划。

目　标

通过研讨会，学员能够：

（1）掌握建立 ICM 项目管理机制不同组成部分的基本原理和过程。

（2）评估和识别可能会参与或成为项目管理机制成员的潜在"队员"。

（3）起草行动计划，以启动建立或组建项目的管理机制。

回　顾

进行项目管理机制不同组成角色和职能的回顾（见模块 5）。可以是讨论、游戏或测验。允许时间进行讨论，直到掌握和理解项目管理机制的基本原理和不同角色的作用。

1. 活动 1：ICM 项目管理机制的定义

活动进行：

让学员参阅表格 1 的清单，分成两组：① 已有项目管理机制的组；② 还没建立项目管理机制的组。

请第 1 组的每人分别回答以下问题（提供表格 2a，20 分钟）：

1）你的 ICM 项目现有的管理机制是什么？

2）项目管理机制归属哪个或哪几个部门？（机构间和跨部门协调委员会，ICM 项目管理办公室（PMO），科学/技术咨询小组）

3）是怎样形成的？谁发起/促进的？

4）承担什么样的职能/角色？

5）有什么样的资源？这些资源从何获得？

6）现有的机制是不是起作用？是不是受当地立法支持？

7）它面对的挑战是什么？如何能得到改善？

请第 2 组的每人分别回答以下问题（提供表格 2b，20 分钟）：

1）利益相关者分析：

列出对你的 ICM 项目有影响的个人、团体和机构（有利的或不利的影响）。

确定每个利益相关者对 ICM 的影响类型（有利的或不利的）。

写出获得这些利益相关者最有效的支持，减少对你 ICM 项目成功实施的任何障碍的策略。

2）建立项目管理机制

列出所有参与你所在区域海岸带管理的政府办公室、部门、机构和组织等。

基于前面有关项目管理机制的描述，列出下列要涉及的机构、团体或组织：

a. 高级别机构间的协调机制

b. 项目管理办公室

c. 科学/技术咨询小组

你认为什么是你 ICM 项目可能的资金和后勤保障来源？

你做上述事情的挑战是什么？

20 分钟后各自归组，利用 30 - 60 分钟对各自的回答进行讨论和分享，每组有 20 分钟来对上述问题进行演讲，5 - 10 分钟提问。

组 1

表 14.1　活动 1：ICM 项目管理机制

项目管理机制	项目管理机制在哪个或哪几个部门下	部门/机构以及在它们在ICM中的作用	资源		功能如何？（什么法律规定的？）
			数量	来源	
项目协调委员会					
ICM 项目管理办公室（PMO）	.				
科学/技术咨询小组					
项目管理成员					
其他支持团体					

请列出挑战：

如何能得到改善（解决挑战的措施方法等）？

组 2

1）列出所有参与你所在区域海岸带和（或）海洋管理的政府办公室、部门、机构和组织等。

2）基于前面项目管理机制的描述，考虑到你所在区域的情况，你认为应归入哪个机构/办公室/组织？哪个最为合适？

表 14.2　活动 1：利益相关者分析

项目管理机制	项目管理机制放在哪个或哪几个部门下	可能的资金来源和后勤/其他支持
项目协调委员会		
ICM 项目管理办公室（PMO）		
科学/技术咨询小组		
项目管理成员		
其他支持团体		

3. 建立这些机制可能面对的挑战是什么？

2. 活动2：行动计划

基于之前的讨论，让学员起草行动计划，来建立或者着手开始建立他们区域的项目管理机制。通过以下问题指导进行（见表14.3）：

1）你需要采取什么步骤，开始着手项目管理机制的建立？
2）谁负责启动/承担这些步骤？
3）需要哪些资源来完成这些步骤？

表14.3　建立项目管理机制的行动计划

活动	预定日期	所需资源	负责办公室/负责人
建立项目协调委员会			
建立项目管理办公室			
成立科学/技术咨询小组			

模块 15 海岸带综合管理项目工作计划和预算编制的研讨

简 介

本模块是关于海岸带综合管理项目工作计划和预算编制的研讨，包括：（1）项目管理范围的划定；（2）编制工作计划和预算；（3）提供资金和其他行政资源以支持项目。这些都是制定 ICM 项目的准备步骤。

学时：3 小时。

学习材料

表格 4：路线图。

目 标

经过研讨后，学员应能够：

（1）熟悉划定自己地区的 ICM 项目范围的过程，这是起草工作计划和预算的前提。

（2）制定他们区域 ICM 项目开发的路线图。

1. 活动 1：确定 ICM 项目管理范围和边界

请学员再看（表格 1）清单。分成 2 组：组 1 是已有了 ICM 项目范围和边界的；组 2 是那些还没有 ICM 项目范围和边界的。

用 30～45 分钟，各小组讨论和分享以下内容：

组 1

1）你的 ICM 项目是在什么空间范围？（国家、省、市、村、流域、海湾、保护区等等）

2）在实施 ICM 项目中责任范围是什么？

3）在此范围实施 ICM 项目的挑战是什么？

4）你认为实施 ICM 项目有效的策略是什么？

表 15.1 已有 ICM 项目范围和边界

范围	责任领域（ICM 项目执行）	挑战	有效的策略和方法
国家			
省			
市			
村			
流域			
海湾			
保护区			

组 2

1）你的办公室/机构/组织工作的范围是什么？（国家、省、市、村、流域、海湾、保护区等等）

2）你的办公室/机构/组织在实施 ICM 项目可能的职责领域和范围是什么？

3）你认为在制定和实施 ICM 项目要考虑的是什么？

4）你认为在确定 ICM 项目范围和边界的利益相关者？

5）划定 ICM 项目范围和边界的挑战是什么？

表 15.2 没有 ICM 项目范围和边界

范围	责任范围/领域（ICM 项目执行）	主要考虑的事	利益相关者	挑战
国家				
省				
市				
村				
流域				
海湾				
保护区				

180

汇报你们小组讨论摘要，然后 5 – 10 分钟提问和讨论。

2. 活动 2：开发一个 ICM 项目的路线图

制定一个 ICM 项目的，请学员每人单独起草路线图，按下列提示 30 分钟完成下列活动：

1）列出需要在今年内开展的主要活动。

2）写出实施时间表，责任人（组织和协作者），人力资源和预算需求及可能的资金来源。

3）列出项目工作人员的培训需要。

4）两个组各派 1 名代表来陈述他们的作业（一个组的代表需要表述他们区域内已启动了 ICM 项目，另一个代表来自尚未启动 ICM 项目）。每个汇报完之后安排已经启动的 5 分钟时间用于提问和评论。

表 15.3　路线图

活动	时间	负责的人/办公室/机构	预算	其他资源需求	状态

定义/词汇表

适应性管理——通过学习以前所采用的政策和实践所形成的成果，而不断改进管理政策和实践的一个系统化过程（千年生态系统评估，2005 年）。

途径——在着手任务、问题等时所采用的方法或步骤（Dictionary.com，2010）能力建设——加强或开发人力资源、机构、组织、或网络的过程。（联合国环境规划署，2006 年）

气候变化——是在可比时间段内，由于人类活动直接或间接改变全球大气组成而导致的气候变化，再叠加在自然气候波动上所形成的一种变化。（联合国气候变化框架公约定义转引自国际石油工业环境保护协会，2001 年）

海岸带地区——被广泛定义为以管理自然资源使用为目的的那些受海洋和陆地生物和物理过程影响的土地和水域的整个区域。（GESA-MP71，2001）

海岸带管治——是指解决采取全部法律、政策、规划、机构和判例等手段过程影响海岸带地区问题。（Best，2003；Hill and Lynn，2004；Olsen，2003）

海岸带战略——海岸带地区的可持续发展战略，是走向善政的政策改革平台，在制定过程中允许机构间协商、多部门合作和利益相关者的参与。

海岸带战略实施计划（CSIP）/战略环境管理计划（SEMP）——是实施海岸带战略行动的计划，重点关注当地的能力建设，完善决策制度，加强环境和资源利用规划，确定环保投资的机会和建立可持续的财政机制。计划还包括确定战略实施应采取的步骤，界定各利益相关者的角色，并指明战略实施的监督措施。

海岸带/海洋使用区划——也被称为功能区划，是指根据一定的具体目标、最显著的生态功能、传统使用惯例和将来发展，而对流域、河流和海岸带水域等的使用划分成一些特定的区域。

沟通计划——实施公众教育的工具，是为了有效地实施特定沟通的一种理性的和战略的指导，它贯穿于 ICM 整个过程。

协调机制——为机构间和多部门间磋商与合作实现共同目标和近期目标的一种制度安排。

生态系统——植物、动物、微生物群落和它们生活的无机环境作为一个功能单位而相互作用的动态复合体。

基于生态系统的管理——基于对生态相互作用和过程的充分理解，由政策、规范和实践产生的，具有明确目标的管理，并通过对（生态系统）的监测和研究而不断调整，以便维持生态系统的结构和功能。（Christensen et al. , 1996）

环境退化——环境退化是指由于如空气、水和土壤等资源的（过度）消耗而引起的环境恶化、生态系统的结构破坏和野生生物的灭绝。

环境风险评估——评估属于人类活动的各种因素对人类健康和/或生态系统而造成不良影响可能性的过程，是指这些人类活动是人类通过自然环境来满足他们的目标。

环境风险管理——应用已确定的管理措施，来解决在环境风险评估过程中识别出的环境关注（风险）。

食品安全——为积极而健康的生活，所有人在物质上和经济上（能够）获得足够的、安全的和有营养的食品，以满足（人们）饮食需要和个人口味。（联合国粮农组织，2002）

框架——思路的基本设置：一套思想、原则、协议或规则，为后续阶段的事项得以更充分地发展提供基础或纲要。

管治——为实施管理活动而设置的"建立以规划和决策为基础的基本目标、制度化过程和结构"框架。（Best，2003）

危害——一个可能具有破坏性的物理事件、现象或人类活动，这将导致丧失生命或受伤、财产损失、社会和经济混乱或环境退化。（联合国国际减灾战略，2004）

完整性——有关或关注于（生态环境）全部或完整系统，而不是与分析、处理、或者拆解成组成部分有关。（注重整体的生态学将人类和环境视为同一个系统）

指标——定量或定性的陈述，可以用来描述现有状况，并衡量随时间的变化或趋势。（Duda，2002）

机构安排——机构的职能或工作动态，旨在和谐地履行各自角色和职责。

海岸带综合管理（ICM）——为解决海岸带地区的复杂管理问题，应用综合的、整体的管理方法和互动的规划过程的一个自然资源与环境管理的框架。

ICM 规范——在地方政府层面，基于环境管理和质量管理的国际标准而提供的一个海岸带综合管理的系统化方法。

ICM 推广——是海岸带综合管理实践的地域和功能扩展，在其他海岸带地区复制海岸带综合管理项目。海岸带综合管理项目覆盖面的扩展包括整合流域、水系和海岸带地区，以及更广泛整合有关平级机构的政策和管理职能。

ICM 系统（海岸带综合管理系统）——一系列相互关联的过程或相互影响的要素，允许地方政府单位建立和交流关于（促进）海岸带和海洋环境和资源的可持续发展的海岸带综合管理政策、战略、愿景、目标和期望，以及实施、监测和评估其海岸带综合管理的成效。

ICM 的成效——按照当地政府部门同意和批准的海岸带战略、愿景/任务和目标，关于海岸带综合管理系统的实施、监测和控制的可考核结果。

整合——对整个项目提供一个广泛和集中的观点，其中最重要的功能是为了确保内部在政策和管理行动上的一致性，整合还可以确保政策和管理改革具有充分的科学依据。

集成——合并协调各种元素到整个集体，形成一个集合。集中，趋向于一个中心点汇聚。

综合环境监测方案（IEMP）——一个系统的、高效的和协调的监测方案，用来处理由风险评估而确定的具有重大影响的区域和将污染、生境、资源和人类健康的监测结合在一起。

综合信息管理系统（IIMS）——一个关系型环境数据库管理系统，它允许存储、检索和操作综合数据以满足用户的需要。

国际公约——为保护和管理海洋环境，提供全球公认的标准的国际协定。

　　ISO 认证——符合由国际标准化组织制定的国际标准、要求和准则。

　　地方政府——是在较大政治实体（如国家）内的一定地理区域内，对人身和财产行使立法和行政权力的政治机构。

　　管理——是指为满足对自然资源可持续利用，而对人类行为的规范。

　　海洋保护区——为保护海岸带和海洋资源、保护生物多样性、提高公众意识、提供娱乐、科学研究和监测的场所等而特殊指定的海岸带地区陆域或水域。（Cicin – Sain and Knecht，1998）

　　新千年发展目标——新千年发展目标是指到 2015 年要实现的，应对世界上主要的发展挑战的 8 个目标。新千年发展目标来自《新千年宣言》中的目标和行动，该宣言是由 189 个国家通过，并在 2000 年 9 月联合国千年首脑峰会期间由 147 个国家和政府首脑共同签署。（联合国开发计划署千年发展目标，日期不详）

　　监测和评价——它是应定期开展的、政策和管理过程中不可分割的一部分，其目的是确定（ICM）项目到达设定目标的程度。

　　国家政府——对一个国家行使立法、行政和司法权力的政治机构，无论这个国家是单一主权国家还是联邦制国家。

　　非政府组织——为实现特定的社会目标或服务于特定对象，在制度化的政治结构以外的非营利团体或协会组织。（FishBase，2001）

　　私营部门——以盈利为目的共同开展业务的人或实体。

　　PPP – 公私合营伙伴关系——用于减少环境投资风险的可持续财政机制，其中每一个合作伙伴都需承担措施或承诺责任，以此形成了项目生存的基础。

　　原则——一个重要的真理，其他真理均基于此；作为行为的指南的道德法律认可;，一个人用来管理他行为的规则，往往形成规范的一部分。（新词典韦氏词典的英语，1988 年）

　　过程——一系列的行动：一系列实现特定目标的行动。

公共健康——由团体、组织、公共和私人、集体和个人等进行的共同努力和明智选择，从而达到预防疾病、延长寿命和促进健康的科学和策略。（Winslow，1920）

战略——为实现一个目标而精心设计的行动计划，或开展/实施这样一个计划的策略。

可持续发展——能够保证自然资源生产力的连续（供应）和较高环境质量的发展（模式），以实现既能满足当前的需求、又不损害后代需求的经济增长。（Clark，1996）

可持续财政——用于筹集或分配财政资源的机制，以便为项目、方案、活动或环境管理措施等提供持续的资助。

利益相关者——在海岸带和海洋区域，对相关政策、活动或现象有影响或被影响的个人或实体，这些影响可以是直接或间接的，有利的或有害的。

海岸带状况报告（SOC）——用来评估地方政府实施ICM所取得的进展和影效果的报告制度，是在解决环境问题中将管理措施和政策进行文件归档的综合和全面的方法。

系统——一个由相关组件合并形成复杂整体；成套的原则：由许多观点或原则组织而成的方案；完成某事的一套程序或方法。

使用费——对某一特定海岸带资源使用，由政府机构收取的费用。

脆弱性——由自然、社会、经济、和环境因子或过程形成的状况条件，这些状况使得一个群体更容易受到自然灾害的影响。（联合国国际减灾战略，2004年）

参考文献

Best, B. 2003. "Conservation and integrated coastal management: Looking beyond marine protected areas." pp. 325 – 342. In: Crafting coastal governance in a changing world. Edited by S. B. Olsen, Coastal Management Report #2241. Coastal Resources Management Program, United States Agency for International Development, University of Rhode Island Coastal Resources Center, Rhode Island, USA

Bigkis – Bataan. 2002. The Bataan Coastal Strategy. Bigkis – Bataan, Bataan, Philippines. 57 pp.

Christensen, N. L. , A. M. Bartuska, J. H. Brown, S. Carpenter, C. D. Antonio, R. Francis, J. F. Franklin, J. A. MacMahon, R. F. Noss, D. J. Parsons, Ch. H. Petersen, N. G. Turner and R. G. Woodmansee. 1996. "The report of the Ecological Society of America committee on the scientific basis for ecosystem management". Ecological Applications, Ecological Society of America, 6 (3):665 – 691.

Chua, T. – E. 2008. "Coastal governance: A reflection of integrated coastal management (ICM) initiatives with special referenceto the East Asian Seas region," pp. 371 – 402. In: Securing the oceans: Essays on ocean and governance – Regional and global perspectives. Edited by T – E. Chua, G. Kullenberg and D. Bonga. Global Environment Facility/United Nations Development Programme/International Maritime Organization Regional Programmeon Building Partnerships in Environmental Management for the Seas of East Asia (PEMSEA) and the Nippon Foundation, Quezon City, Philippines.

Chua, T – E. 2006. Dynamics of integrated coastal management: Practical applications in the sustainable coastal developmentin East Asia. Global Environment Facility/United Nations Development Programme/International Maritime Organization Regional Programme on Building Partnerships in Environmental Management for the Seas of East Asia (PEMSEA), Quezon City, Philippines. 468 pp.

Chua, T. – E. 1998. "Lessons learned from practicing integrated coastal management in Southeast Asia." Ambio, 27: 599 – 610. Chua, T. E. and I. R. Gorre. 2000. "Xiamen region, China. " In: Seas at the millennium: An environmental evaluation. Edited byC. Sheppard. Elsevier Science Ltd, USA.

Chua, T. – E. and L. F. Scura. Editors. 1992. Integrative framework and methods for coastal area management. of the Regional Workshop on Coastal Planning and Management in

ASEAN: Lessons Learned, Bandar Seri Begawan, Brunei Darussalam, 28 – 30 April 1992. ICLARM Conference Proceedings 37. International Center for Living Aquatic Resources Management, Manila, Philippines. 169 pp.

Chua, T. – E., S. A. Ross, H. Yu, G. S. Jacinto and S. R. Bernad. 1999. Sharing lessons and experience in marine pollution management. MPP – EAS Technical Report No. 20. GEF/UNDP/IMO Regional Programme for the Prevention and Management of Marine Pollution in the East Asian Seas, Quezon City, Philippines. 94 p.

Cicin – Sain, B. and R. W. Knecht. 1998. Integrated coastal ocean management: Concepts and practices. Island Press, Washington, D. C.

Clark, J. R. 1996. Coastal zone management handbook. CRC Press, Inc., Boca Raton, Florida, USA. 694 pp.

Contreras, F. 1998. "The BCRMF and Its role in the environmental management of Batangas Bay, Philippines,"

In: GEF/UNDP/IMO MPP – EAS, Regional Workshop on Partnerships in the Application of Integrated Coastal Management. MPP – EAS Workshop Proceedings No. 10. Global Environment Facility/United Nations Development Programme/International Maritime Organization Regional Programme for the Prevention and Management of Marine Pollution in the East Asian Seas (MPP – EAS), Quezon City, Philippines. 167 p.

Corpuz, C. F. J. 2004. "Return to the yellow brick road: Xiamen revisited." Tropical Coasts, 10(1):12 – 17, 70.

Danang City PC (People's Committee). 2005. Coastal use zoning plan for Danang City (in English and Vietnamese). People'sCommittee of Danang City, Vietnam. 58 pp.

Danang City PC. 2001. Coastal Strategy of Danang City. People's Committee of Danang City, Vietnam. 66 p.

Danang PC and PEMSEA. 2004. Danang initial risk assessment. PEMSEA Technical Information Report No. 10. Danang People's Committee and Global Environment Facility/United Nations Development Programme/InternationalMaritime Organization Regional Programme on Building Partnerships in Environmental Management for the Seas of East Asia. Quezon City, Philippines. 130 p.

De Leo, G. A., and S. Levin. 1997. "The multifaceted aspects of ecosystem integrity." Conservation Ecology, 1 (1):3. Available at: http://www.consecol.org/vol1/iss1/art3/ [Accessed February 2008]. Department of Environment and Natural Resources (DENR), Department of Interior and Local Government (DILG), Department of Agriculture – Bureau of Fisheries and Aquatic Resources (DA – BFAR) , and the Coastal Resource Management Project (CRMP) . 1997. Legal and jurisdictional guidebook for coastal resource management in the Philippines. Coastal Resource Management Project , Manila , Philippines. 196 pp.

Dictionary. com. 2010. " Definition : Approach " . Available at : http://dictionary. reference. com/browse/approach [Accessed April 2010].

Duda , A. 2002. Monitoring and evaluation indicators for GEF International Waters Projects. Monitoring and evaluation Working Paper 10. Global Environment Facility. Available online at http://www. gefweb. org/ResultsandImpact/Monitoring_ Evaluation/monitoring_evaluation. html.

Erni , M. , W. Azucena and A. Guintu. 2004. " Bataan , Philippines – Public – private partnerships at work for sustainable development. " Tropical Coasts , 11 (2) : 10 – 15 , 53.

Estigoy , E. L. and A. Guintu. 2004. " Batangas , Philippines : Rekindling an old tradition through ICM. " Tropical Coasts , 11 : 24 – 31. FAO (Food and Agriculture Organization). 2002. The State of Food Insecurity in the World 2001. Food and Agriculture Organization , Rome.

FishBase. 2001. FishBase Glossary. Available at http://www. fishbase. org/Glo. . . /Glossary. cfm? TermEnglish + Non – Governmental%20Organizatio , 8? 3/01.

Gervacio , B. 2006. " Enhancing sustainable management of the coastal and marine areas through the integrated information management system for coastal and marine environment (IIMS). " Paper presented at the InternationalConference of the Second East Asia Seas Congress , December 2006 , Haikou City , Hainan Province , P. R. China.

GESAMP71 : GESAMP (IMO/FAO/UNESCO – IOC/WMO/WHO/IAEA/ UN/UNEP Joint Group of Experts on the Scientific Aspects of Marine Environmental Protection). 2001. Protecting the oceans from land – based activities – Land – based sources and activities affecting the quality and uses of the marine , coastal and associated freshwaterenvironment. Rep. Stud. GESAMP No. 71 , 162 pp. ISBN 82 – 7701 – 011 – 7. Available at http://www. oceansatlas. org/unatlas/uses/uneptextsph/infoph/sources. html # gesamp71.

Hill , C. J. and L. E. Lynn , Jr. , 2004. " Governance and public management , an introduction. " Journal of Policy Analysis andManagement , 23 : 3 – 11.

International Workshop Agreement 4 (IWA 4) : Quality Management Systems Guidelines for the Application of ISO 9001 : 2000 in the Local Government. Intergovernmental

Oceanographic Commission (IOC). 2005. A handbook for measuring the progress and outcomes of integrated coastal and ocean management —Preliminary version. IOC Manual and Guides 46. UNESCO, Paris.

IOC. 2003. A reference guide on the use of indicators for integrated coastal management. ICAM Dossier 1, IOC Manuals andGuides No. 45. UNESCO. Paris, France.

IOC. 1997. Methodological guide to integrated coastal management. UNESCO and Intergovernmental OceanographicCommission, Paris, France.

International Organization for Standardization (ISO). ISO 9001 : 2000 : Quality Management System Standard – InternationalOrganization for Standardization (ISO).

International Organization for Standardization (ISO). ISO 14001 : 2004 : Environmental Management System Standard – International Organization for Standardization (ISO).

International Petroleum Industry Environmental Conservation Association (IPIECA) 2001. Available at http://www. ipieca. org/downloads/climate_change? Glossary_3rd_ edition. pdf.

ITTXDP (Integrated Task Team of the Xiamen Demonstration Project). 1996. Strategic management plan for marine pollution prevention and management in Xiamen. MPP – EAS Technical Report No. 7. GEF/UNDP/IMO Regional Programme for the Prevention and Management of Marine Pollution in the East Asian Seas, Quezon City, Philippines. 60 p.

Lacerna, M. T. G. , E. Estigoy and C. Wang. 2003. "Sustaining ICM efforts through institutional arrangements : PEMSEA demonstration sites. " Paper presented at the East Asian Seas Congress 2003, Putrajaya, Malaysia, 8 – 12December 2003.

La Viña, A. 1996. "Determining the appropriate institutional mechanism for ICM in the Batangas Bay region. " Unpublished paper for Global Environment Facility/United Nations Development Programme/International Maritime Organization Regional Programme for the Prevention and Management of Marine Pollution in the East Asian Seas (MPP – EAS), Quezon City, Philippines.

Lee, J. 2004. "Replicating and networking local ICM practices : PEMSEA's experience. " Tropical Coasts, 11(2) :4 – 8.

Li, H. Q. 1999. "Harmonization of national legislation : A case in Xiamen, China," pp. 355 – 371. In : Challenges and opportunities in managing marine pollution in the East Asian Seas. Edited by Chua T. – E. and N. Bermas. MPP – EAS Conf.

Proc. 12/PEMSEA Conf. Proc. 1. GEF/UNDP/IMO Regional Programme for the Prevention and Management of Marine Pollution in the East Asian Seas (MPP – EAS)/Partnerships in Environmental Management for the Seas of East Asia (PEMSEA) , Quezon City , Philippines.

MBEMP (Manila Bay Environmental Management Project). 2006. Integrated Environmental Monitoring Program for ManilaBay. Manila Bay Environmental Management Project and GEF/UNDP/IMO Regional Programme on BuildingPartnerships in Environmental Management for the Seas of East Asia (PEMSEA) , Quezon City , Philippines. 96 p.

MBEMP (Manila Bay Environmental Management Project) . 2001. Manila Bay Coastal Strategy. Manila Bay Environmental Management Project. 108 p.

Millennium Ecosystem Assessment. 2005. Ecosystems and human well – being : Volume 5. Our human planet : Summary for decision – makers.

Minh , N. T. N. and N. Bermas – Atrigenio. 2004. " Charting a course for ICM in Danang , Vietnam : A convergence of political will , stakeholder support and mobilization. " Tropical Coasts , 11(1) : 18 – 23 , 67.

MPP – EAS. 1999a. Environmental risk assessment : A practical guide for tropical ecosystems. MPP – EAS Technical Report No. 21. Global Environment Facility/United Nations Development Programme/International Maritime Organization Regional Programme for the Prevention and Management of Pollution in the East Asian Seas , Quezon City , Philippines. 88 p.

MPP – EAS. 1999b. Water use zoning for the sustainable development of Batangas Bay , Philippines. MPP – EAS Technical Report No. 25/PEMSEA Technical Report No. 3. GEF/UNDP/IMO Regional Programme for the Prevention andManagement of Marine Pollution in the East Asian Seas (MPP – EAS)/Partnerships in Environmental Management for the Seas of East Asia (PEMSEA) , Quezon City , Philippines. 50 p.

MPP – EAS. 1996c. Integrated waste management action plan for the Batangas Bay Region. MPP – EAS Technical Report No. 9. GEF/UNDP/IMO Regional Programme for the Prevention and Management of Marine Pollution in the East Asian Seas. Quezon City , Philippines. 76 p.

Olsen , S. B. 2003. " Coastal stewardship in the anthropocene. " In : Crafting coastal governance in a changing world. Edited by Olsen S. B. Coastal Management Report # 2241. Coastal Resources Management Program , US Agency for International Development , University of Rhode Island Coastal Resources Center. pp 5 – 35.

Olsen , S. B. , K. Lowry , and J. Tobey. 1999. A manual for assessing progress in coastal management. Coastal Resources Center Report #2211, University of Rhode Island, Narragansett, RI, USA.

Olsen, S. J, Tobey, J. and M. Kerr. 1997. "A common framework for learning from ICM experience." Ocean and Coastal Management, 37:155 – 174.

OXMPG (Office of Xiamen Municipal People's Government). 1997. Xiamen municipal people's government on the implementation of marine functional zoning. Office of Xiamen Municipal People's Government. Xiamen, China.

PC of Nampho City (People's Committee of Nampho City). 2004. Coastal Strategy of Nampho City, Democratic People's Republic of Korea. People's Committee of Nampho City. 54 p.

PEMSEA Partnerships in Environmental Management for the Seas of East Asia. n. d. ICM (Integrated Coastal Management) Code, Draft, unpublished. Partnerships in Environmental Management for the Seas of East Asia (PEMSEA), Quezon City, Philippines.

PEMSEA. n. d. Integrated Coastal Management Guideline for Application of the ICM Code. Partnerships in Environmental Management for the Seas of East Asia (PEMSEA), Quezon City, Philippines.

PEMSEA. 2006a. A perspective on the environmental and socioeconomic benefits and costs of ICM: The case of Xiamen, PR China. PEMSEA Technical Report No. 17. GEF/UNEP/IMO Regional Programme on Building Partnerships in Environmental Management for the Seas of East Asia (PEMSEA), Quezon City, Philippines. 132 pp.

PEMSEA. 2006b. Performance evaluation: Building Partnerships in Environmental Management for the Seas of East Asia (PEMSEA): Terminal evaluation report. PEMSEA Information Series. GEF/UNDP/IMO Regional Programme on Building Partnerships in Environmental Management for the Seas of East Asia (PEMSEA), Quezon City, Philippines. 177 pp.

PEMSEA. 2006c. Securing the future through ICM: The case of the Batangas Bay region. PEMSEA Technical Report No. 19.

Global Environment Facility/United Nations Development Programme/International Maritime Organization Regional Programme on Building Partnerships in Environmental Management for the Seas of East Asia (PEMSEA), Quezon City, Philippines. 84 p.

PEMSEA 2006d. Xiamen: An ICM journey. PEMSEA Technical Report No. 18. GEF/UNDP/IMO Regional Programme on Building Partnerships in Environmental Management for the Seas of East Asia (PEMSEA), Quezon City, Philippines. 93 pp.

192

PEMSEA. 2006e. Xiamen: An ICM journey. Second Edition. PEMSEA Technical Report No. 18. Global Environment Facility/ United Nations Development Programme/International Maritime Organization Regional Programme on Building Partnerships in Environmental Management for the Seas of East Asia (PEMSEA), Quezon City, Philippines. 86 p.

PEMSEA. 2005a. Framework for national coastal and marine policy development. PEMSEA Technical Report No. 14. GEF/UNDP/ IMO Regional Programme on Building Partnerships in Environmental Management for the Seas of East Asia (PEMSEA) ,Quezon City,Philippines. 75 pp.

PEMSEA. 2005b. Guide to establishing integrated information management system. PEMSEA Technical Report No. 15. Global Environment Facility/United Nations Development Programme/International Maritime Organization Regional Programme on Building Partnerships in Environmental Management for the Seas of East Asia. Quezon City,Philippines. 62 p.

PEMSEA. 2005c. Integrated information management system for coastal and marine environment. User Manual. PEMSEA Technical Report No. 16. Global Environment Facility/ United Nations Development Programme/International Maritime Organization Regional Programme on Building Partnerships in Environmental Management for the Seas of East Asia. Quezon City,Philippines. 62 p.

PEMSEA. 2004a. Chonburi initial risk assessment. PEMSEA Technical Information Report No. 2. Global Environment Facility/ United Nations Development Programme/International Maritime Organization Regional Programme on Building Partnerships in Environmental Management for the Seas of East Asia. Quezon City,Philippines. 128 p.

PEMSEA. 2004b. Training manual on integrated coastal management. Unpublished.

PEMSEA. 2003a. Case study on the integrated coastal policy of the Republic of Korea. PEMSEA Technical Report No. 8. GEF/ UNDP/IMO Regional Programme on Building Partnerships in Environmental Management for the Seas of East Asia (PEMSEA), Quezon City,Philippines. 57 pp.

PEMSEA. 2003b. The development of national coastal and marine policies in the People's Republic of China: A case study. PEMSEA Technical Report No. 7. GEF/UNDP/IMO Regional Programme on Building Partnerships in Environmental Management for the Seas of East Asia (PEMSEA) ,Quezon City,Philippines. 63 pp.

PEMSEA. 2001. Manila Bay: Initial risk assessment. PEMSEA Technical Information Report No. 2001/01. Global Environment Facility/United Nations Development Programme/International Maritime Organization Regional Programme on Building Partnerships in Environmental Management for the Seas of East Asia. Quezon City, Philippines. 112 p.

PEMSEA and Bali PMO. 2004. Southeastern coast of Bali initial risk assessment. PEMSEA Technical Information Report No. 11. Global Environment Facility/United Nations Development Programme/International Maritime Organization Regional Programme on Building Partnerships in Environmental Management for the Seas of East Asia and Bali Project Management Office. Quezon City, Philippines. 100 p.

PEMSEA and BSEMP. 2005. Bohai Sea environmental risk assessment. PEMSEA Technical Information Report No. 12. Global Environment Facility/United Nations Development Programme/International Maritime Organization Regional Programme on Building Partnerships in Environmental Management for the Seas of East Asia and Bohai Sea Environmental Management Project of the People's Republic of China. Quezon City, Philippines. 114 p.

PEMSEA and MBEMP TWG – RRA. 2004. Manila Bay refined risk assessment. PEMSEA Technical Information Report No. 9. Global Environment Facility/United Nations Development Programme/International Maritime Organization Regional Programme on Building Partnerships in Environmental Management for the Seas of East Asia and Manila Bay Environmental Management Project, Technical Working Group for Refined Risk Assessment. Quezon City, Philippines. 169 p.

PEMSEA and Port Klang ICM National Demonstration Project. 2005. Port Klang initial risk assessment. PEMSEA Technical Information Report No. 13. Global Environment Facility/United Nations Development Programme/International Maritime Organization Regional Programme on Building Partnerships in Environmental Management for the Seas of East Asia and Port Klang Integrated Coastal Management National Demonstration Project. Quezon City, Philippines. 96 p.

PG – ENRO (Environment and Natural Resources Office of the Provincial Government of Batangas). 1996. Strategic environmental management plan for the Batangas Bay Region. MPP – EAS Technical Report No. 3. GEF/UNDP/IMO Regional Programme for the Prevention and Management of Marine Pollution in the East Asian Seas, Quezon City, Philippines. 96 pp.

PMO Bali. 2002. Coastal Strategy for the southeastern coast of Bali. Project Management

Office (PMO), Denpasar, Bali, Indonesia. 74 pp.

PMO Port Klang and LUAS/SWMA (Project Management Office Port Klang and Lembaga Urus Air Selangor/Selangor Waters Management Authority). 2003. Port Klang coastal strategy. Project Management Office (PMO) and Lembaga Urus Air Selangor/Selangor Waters Management Authority, Shah Alam, Selangor, Malaysia. 63 pp.

PMO Sihanoukville (Project Management Office Sihanoukville). 2003. Sihanoukville Coastal Strategy. Project Management Office(PMO), Sihanoukville, Cambodia. 54 pp.

Provincial Government of Batangas, Philippines and PEMSEA. 2008. State of the Coasts of Batangas Province. Partnerships in Environmental Management for the Seas of East Asia (PEMSEA), Quezon City, Philippines. 119 p.

Rapport, D. 2002. "Regaining healthy ecosystems: The supreme challenge of our age," pp. 5 – 10. In: Managing for healthy ecosystems. Edited by D. J. Rapport, W. L. Lasley, D. E. Rolston. N. O. Nielsen, C. O Qualset and A. B. Damania. CRC Press.

Ruan, W. and H. Yu. 1999. "Design and implementation of marine functional zoning scheme in Xiamen, China," pp. 341 – 354. In: Challenges and opportunities in managing pollution in the East Asian Seas. Edited by Chua, T. E. and N. Bermas. MPP – EAS Conference Proceedings 12/PEMSEA Conference Proceedings.

Sorensen, J. C. and S. T. McCreary. 1990. Institutional arrangements for managing coastal resources and environments. 2nd Edition. COAST. Renewable Resources Information Series. Coastal Management Publication No. 1. National Park Service, US Department of the Interior and US Agency for International Development.

Thang, H. C. , N. T. N. Minh and N. M. Son. 2003. "From demonstration site to national institutionalization of ICM in Vietnam." Paper presented at the East Asian Seas Congress 2003, Putrajaya, Malaysia, 8 – 12 December 2003.

The New Lexicon Webster's Dictionary of the English Language. 1988. Lexicon Publications, New York. ; Tropical Coasts. 2004a. "PEMSEA experiences in the evolution of coastal management." Tropical Coasts 11(1). 76 p. Tropical Coasts. 2004b. "Coast to coast: From demonstration to replication." Tropical Coasts 11 (2). 56 p. UNDP MDG. n. d. United Nations Development Programme – Millennium Development Goals. Available at http://www. undp. org/mdg/basics. shtml.

UNEP. 2006. Marine and coastal ecosystems and human well – being: A Synthesis report based on the findings of the Millennium Ecosystem Assessment. UNEP. Nairobi, Kenya. 76pp.

UN/UNFCCC. 2001. Report of the workshop on the preparation of national communications from Annex 1 parties. United Nations/ United Nations Framework Convention on Climate Change. FCCC/SBI/2001/INF. 4. 15pp.

UN – ISDR. 2004. Living with risk – A global review of disaster reduction initiatives. United Nations Inter Agency Secretariat of the International Strategy for Disaster Reduction. Geneva, Switzerland.

White, A. , E. Deguit, W. Jatulan, and L. Eisma – Osorio. 2006. "Integrated Coastal Management in Philippine Local Governance: Evolution and Benefits" by White, A. , E. Deguit, W. Jatulan, and L. Eisma – Osorio. Coastal Management, 34 : 287 – 302. Taylor & Francis Group, LLC Winslow, C. – E. A. 1920. "The Untilled Fields of Public Health," Science, n. s. 51 (1920), p. 23.

Xu, K. and D. Yuan. 1999. "An assessment of the integrated marine pollution monitoring program of Xiamen," pp. 201 – 207. In: Challenges and opportunities in managing pollution in the East Asian Seas. Edited by Chua, T. E. and N. Bermas. MPP – EAS Conference Proceedings 12/PEMSEA Conference Proceedings, 1567 pp.